Denken und Rechnen

2

Erarbeitet von:

Henner Eidt
Roswitha Lammel
Eike Voß
Maria Wichmann

Illustrationen von:
Gerd Kruse, Bielefeld

westermann

Inhaltsverzeichnis

Diese Aufgaben sind etwas schwieriger.
Alle Kinder dürfen probieren.

Hier gibt es Aufgaben zum zusätzlichen Üben.

Hier gibt es Aufgaben zum Wiederholen.

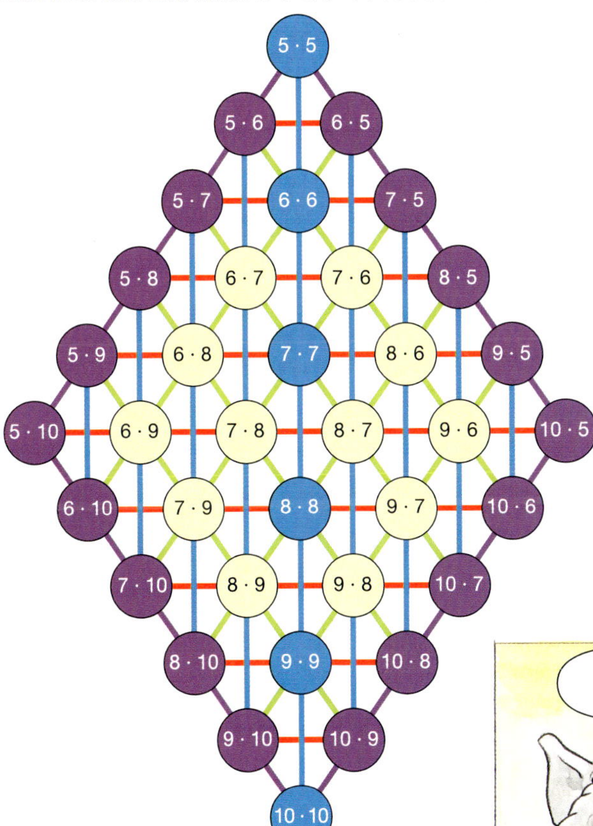

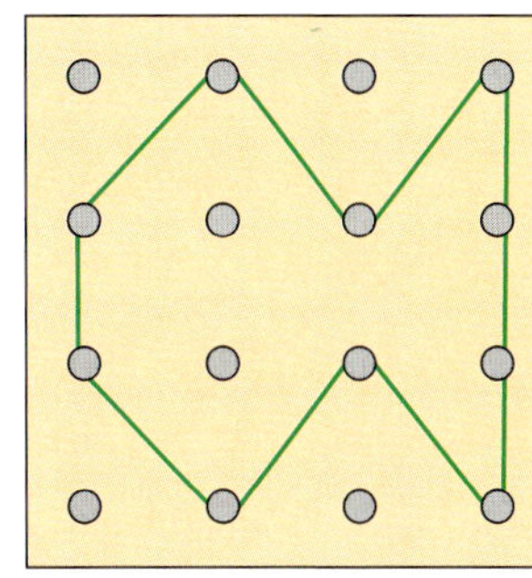

Meine liebste Eissorte

❶ Wie viele Möglichkeiten gibt es?

Erdbeer	Erdbeer	Erdbeer	Schoko		
Schoko	Vanille	Erdbeer			

❷ Pia darf sich 3 Eiskugeln bestellen.
Sie wählt auch von diesen 3 Sorten.

Erdbeer	Erdbeer	Erdbeer	Erdbeer	
Schoko	Schoko	Schoko		
Vanille	Schoko	Erdbeer		

❶ bis ❹ Kombinationen ins Heft zeichnen oder aufschreiben. Systematisch vorgehen.
❶ Sechs Kombinationen. ❷ Zehn Kombinationen.

3 Findest du alle Möglichkeiten?

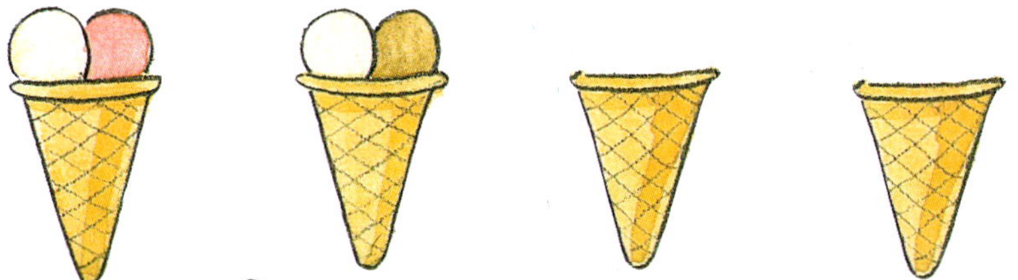

Banane
Himbeer

Banane
Nuss

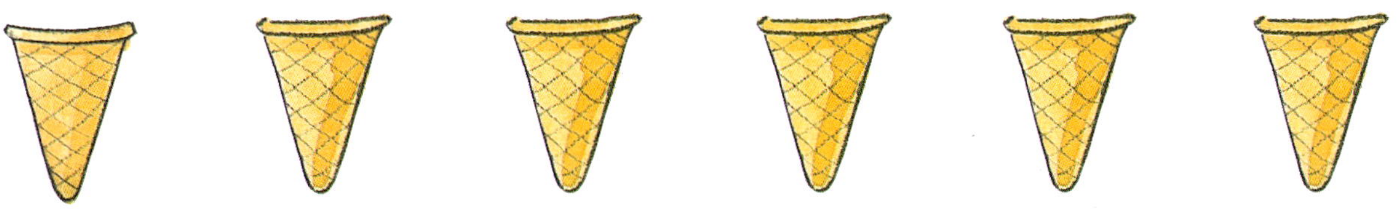

4 Lena wählt 3 Kugeln.

Banane
Himbeer
Nuss

Banane
Himbeer

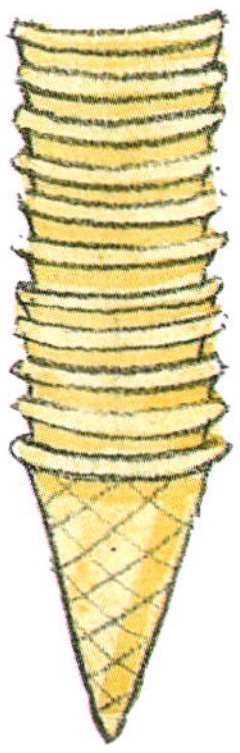

3 Zehn Kombinationen. **4** Zwanzig Kombinationen.

Rechnen mit Zahlen bis 20

1

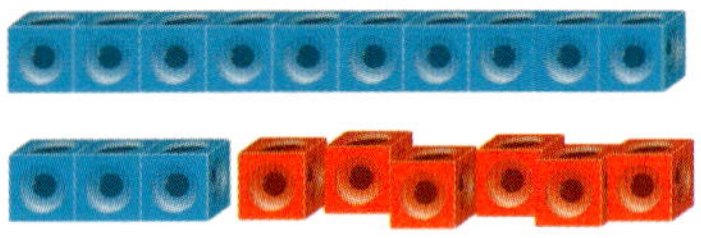

3 + 6 = ☐
13 + 6 = ☐

6 + 2 = ☐
16 + 2 = ☐

4 + 5 = ☐
14 + 5 = ☐

2

5 + 4 = ☐	2 + 7 = ☐	3 + 7 = ☐	1 + 5 = ☐	2 + 8 = ☐
15 + 4 = ☐	12 + 7 = ☐	13 + 7 = ☐	11 + 5 = ☐	12 + 8 = ☐

3 Denke immer an die leichte Aufgabe.

12 + 6 = ☐	13 + 2 = ☐	14 + 4 = ☐	15 + ☐ = ☐	☐ + ☐ = ☐
11 + 6 = ☐	14 + 2 = ☐	14 + 5 = ☐	16 + ☐ = ☐	☐ + ☐ = ☐
10 + 6 = ☐	15 + 2 = ☐	14 + 6 = ☐	17 + ☐ = ☐	☐ + ☐ = ☐

4

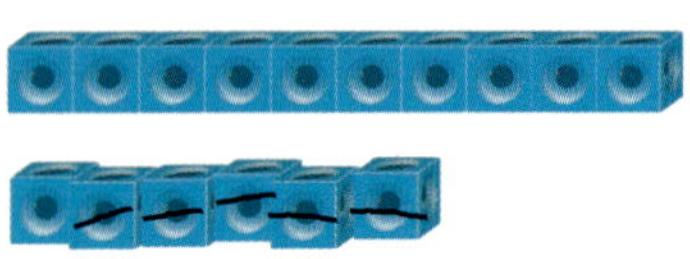

6 − 5 = ☐
16 − 5 = ☐

9 − 6 = ☐
19 − 6 = ☐

8 − 5 = ☐
18 − 5 = ☐

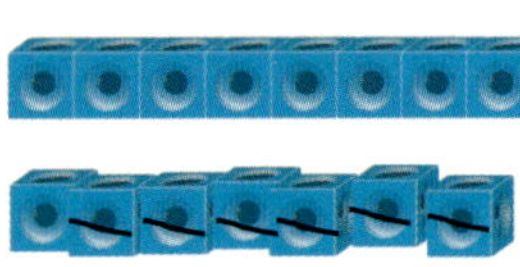

7 − 6 = ☐
17 − 6 = ☐

5 − 4 = ☐
15 − 4 = ☐

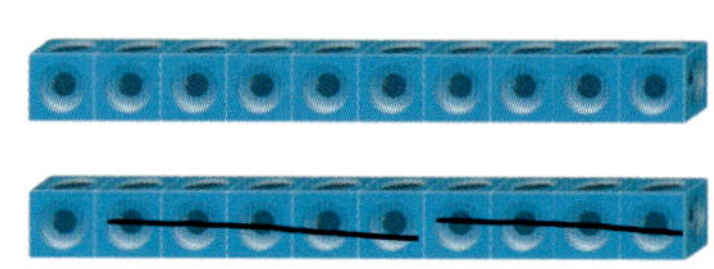

10 − 9 = ☐
20 − 9 = ☐

5

9 − 8 = ☐	7 − 2 = ☐	9 − 5 = ☐	4 − 1 = ☐	6 − 3 = ☐
19 − 8 = ☐	17 − 2 = ☐	19 − 5 = ☐	14 − 1 = ☐	16 − 3 = ☐

6 Denke dir auch selbst Aufgaben aus.

7 − 3 = ☐	10 − 6 = ☐	8 − 4 = ☐	6 − 4 = ☐	9 − 7 = ☐
17 − 3 = ☐	20 − 6 = ☐	18 − 4 = ☐	☐ − ☐ = ☐	☐ − ☐ = ☐
18 − 3 = ☐	19 − 6 = ☐	17 − 4 = ☐	☐ − ☐ = ☐	☐ − ☐ = ☐
19 − 3 = ☐	18 − 6 = ☐	16 − 4 = ☐	☐ − ☐ = ☐	☐ − ☐ = ☐

7

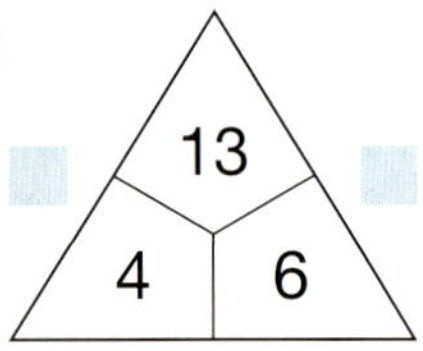

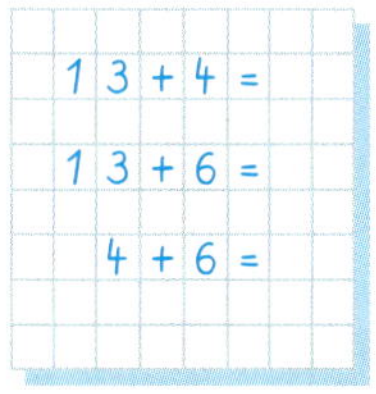

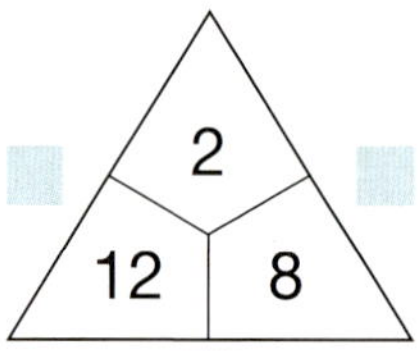

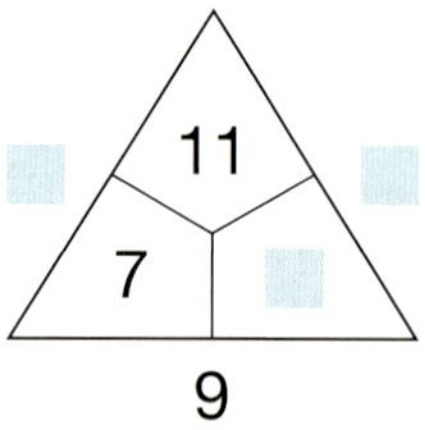

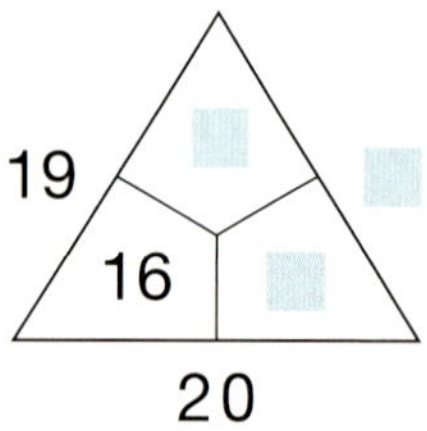

1 bis **6** Grundaufgaben nutzen. **3** und **6** Offene Aufgaben. **7** Im Heft Plusaufgaben rechnen oder Kopiervorlage verwenden. Addieren, subtrahieren, ergänzen.

Rechnen mit Zahlen bis 20

1

9 + 8

Tashin
9 + 1 + 7 =

Nina
9 + 9 – 1 5

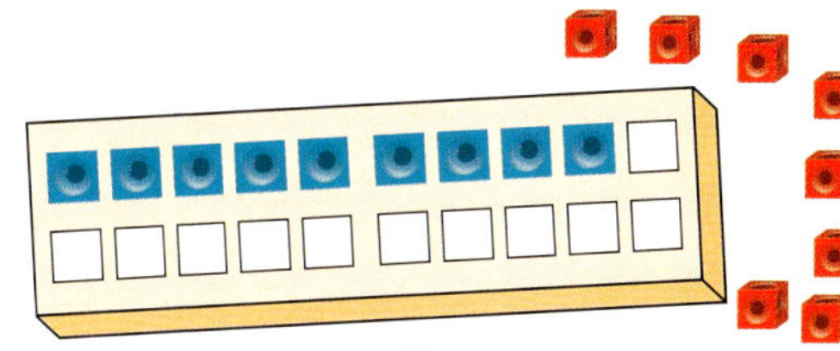

Wie rechnest du?

7 + 6 = __	6 + 5 = __	9 + 7 = __	__ + __ = 15
8 + 7 = __	5 + 6 = __	8 + 6 = __	__ + __ = 15
9 + 8 = __	4 + 7 = __	7 + 5 = __	__ + __ = 15
9 + 9 = __	3 + 8 = __	6 + 7 = __	__ + __ = 15

Findest du weitere Aufgaben?

2

3 + __ + __ = 14	6 + __ + __ = 15	5 + __ + __ = 14	3 + __ + __ = 13
5 + __ + __ = 16	8 + __ + __ = 16	6 + __ + __ = 13	5 + __ + __ = 15
7 + __ + __ = 18	3 + __ + __ = 17	7 + __ + __ = 12	7 + __ + __ = 17
9 + __ + __ = 20	2 + __ + __ = 18	8 + __ + __ = 19	9 + __ + __ = 19

3 Wie viele Aufgaben sind es?

4

16–9

Tashin
1 6 – 1 0 + 1 =

Nina
1 6 – 6 – 3 =

Wie rechnest du?

15 – 6 = __	12 – 9 = __	11 – 6 = __	12 – 6 = __	__ – __ = 8
16 – 7 = __	13 – 9 = __	12 – 7 = __	11 – 8 = __	__ – __ = 8
17 – 8 = __	14 – 8 = __	13 – 8 = __	14 – 7 = __	__ – __ = 8
18 – 9 = __	15 – 8 = __	15 – 9 = __	16 – 9 = __	__ – __ = 8

5

6

10 + 3 = __ 10 – 3 = __	12 + 4 = __ 12 – 4 = __	14 + 5 = __ 14 – 5 = __	11 + 7 = __ 11 – 7 = __	13 + 7 = __ 13 – 7 = __
10 + 4 = __ 10 – 4 = __	12 + 5 = __ 12 – 5 = __	14 + 6 = __ 14 – 6 = __	11 + 8 = __ 11 – 8 = __	20 + 0 = __ 20 – 0 = __

Probiere.

7

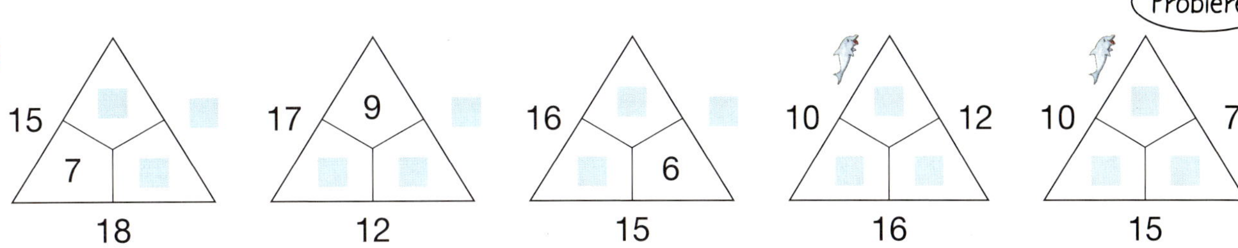

1 und 4 Rechenstrategien vergleichen. 1, 2 und 4 Auch offene Aufgaben. 3 und 5 Systematisches Vorgehen.
7 Zwei Rechendreiecke durch wiederholtes Probieren lösen.

Rechnen mit Geld – Zerlegegleichung

1 Ordne die Münzen und Scheine. Lege.

Schreibe: 1 ct, 2 ct, …

2 Wer hat am meisten gespart? Vermute vorher.

Jan		___ ct	Tim		___ ct
Lena		___ ct	Tahsin		___ ct
Umer		___ ct	Leonie		___ ct
Esra		___ ct	Nora		___ ct
Basil		___ ct	David		___ ct
Pia		___ ct	Damla		___ ct

3

Viele Möglichkeiten.

20 ct = 10 ct + 10 ct

20 ct = 10 ct + 5 ct + ___ ct

20 ct = 10 ct + 5 ct + 2 ct + ___ ct + ___ ct

20 ct = ___ ct + ___ ct + ___ ct + ___ ct + ___ ct + ___

4 Wie kannst du bezahlen? Finde immer 2 Möglichkeiten.

50 ct | 12 ct | 16 ct | 30 ct | 40 ct | 70 ct | 100 ct

15 ct | 18 ct | 20 ct | 60 ct

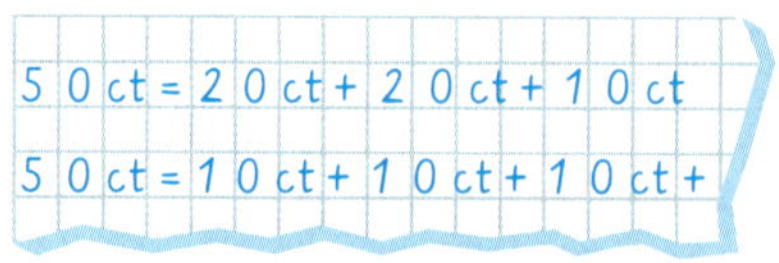

5

6

1 Dem Wert nach ordnen. **3** und **4** Münzen legen. Zerlegegleichungen schreiben.
5 und **6** Offene Aufgaben. Diff.: Den höchsten bzw. niedrigsten Geldbetrag legen.

7 Wie kannst du bezahlen? Lege immer möglichst wenig Münzen und Scheine.

60 €	50 10
70 €	
40 €	
90 €	
15 €	
18 €	

25 €	
55 €	
35 €	
21 €	
31 €	
41 €	

8

20 € = 10 € + ☐ €
20 € = 5 € + ☐ €
20 € = 6 € + ☐ €

20 € = 2 € + ☐ €
20 € = 4 € + ☐ €
20 € = 3 € + ☐ €

15 € = 5 € + ☐ €
16 € = 5 € + ☐ €
17 € = 5 € + ☐ €

17 € = 6 € + ☐ €
16 € = 6 € + ☐ €
15 € = 6 € + ☐ €

10 € = ☐ € + ☐ €
11 € = ☐ € + ☐ €
12 € = ☐ € + ☐ €

100 € = ☐ € + ☐ €
80 € = ☐ € + ☐ €
30 € = ☐ € + ☐ €

9

Was würdest du für 20 € kaufen?

Bedil möchte eine Ente, ein Handtuch und eine Taucherbrille.

Jan kauft ein Handtuch, einen Ball und Duschgel.

Tim braucht eine Badehose und einen Rucksack.

Sina sucht sich einen Rucksack, Flossen und einen Ball aus.

Lea kauft eine Taucherbrille, einen Ball und Duschgel.

7 Legen und zeichnen. **8** Letztes Päckchen: Offene Aufgaben.

Bündeln

1 Wie viele Münzen?

a)

Ich schätze ▢ ct

b)

▢ ct

c)

▢ ct

2 a)

Zehner	Einzelne

b)

Zehner	Einzelne

c)

Zehner	Einzelne

d)

Zehner	Einzelne

e)

Zehner	Einzelne

f)

Zehner	Einzelne

g)

Zehner	Einzelne

h)

Zehner	Einzelne

i)

Zehner	Einzelne

j)

Zehner	Einzelne

3 Lege. Fällt dir etwas auf?

	Zehner	Einzelne
a)	3	1
b)	1	3
c)	2	4
d)	4	2
e)	5	3
f)	3	5
g)	8	4
h)	4	8
i)	2	7
j)	7	2

W **4**

17 − 6 = 11

17 − 9 = 8

17 − 7 =

2	4	5	6	
8	8	9	10	11

geordnete Kontrollzahlen

1 Cent-Münzen stapeln. Vorteile der Zehnerbündelung entdecken. **2** Zehner und Einzelne schreiben. **2** und **3** Zahlendrehern vorbeugen. **4** Die Ergebnisse an den Kontrollzahlen überprüfen.

Bündeln

1 Wer hat Recht?

Zehner	Einzelne

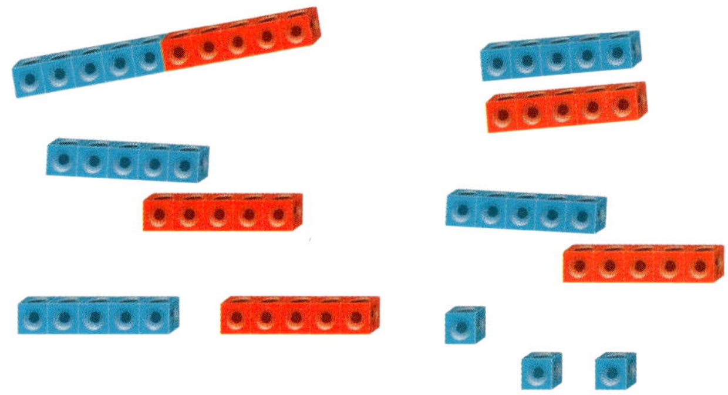

2 Wie viele?

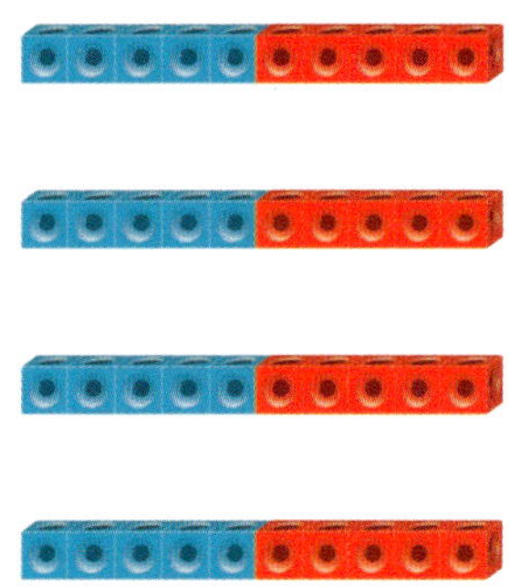

Wie viele **E**inzelne bleiben übrig?

Z	E

a) 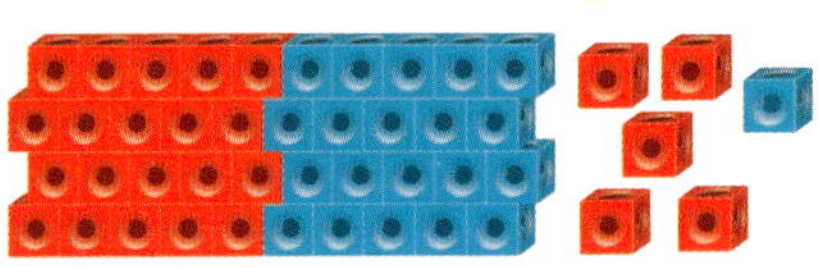

Z	E

Steckwürfel

b) 

Z	E

Steckwürfel

c) 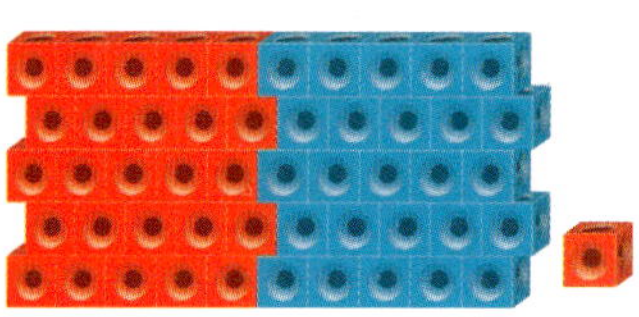

Z	E

Steckwürfel

d) 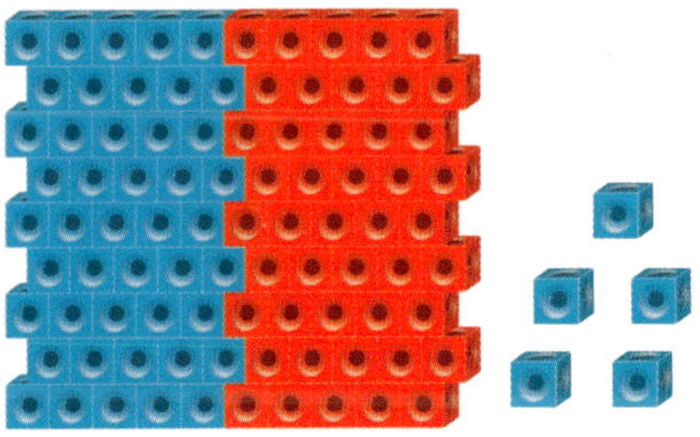

Z	E

Steckwürfel

e) 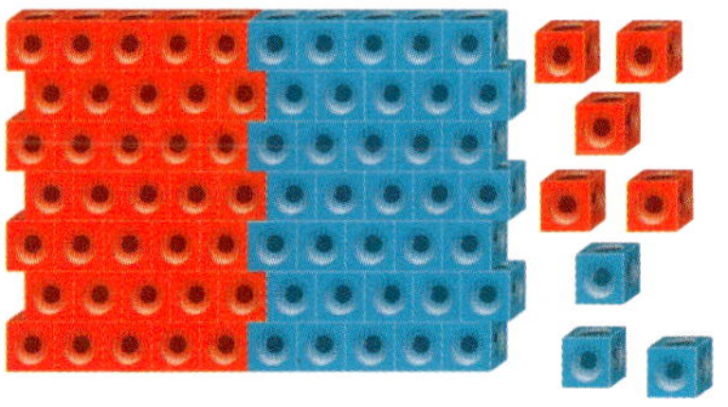

Z	E

Steckwürfel

f) 

Z	E

Steckwürfel

3 Lege. Male Stangen und Einzelne in dein Heft.

	Z	E
a)	2	5
b)	6	0
c)	4	7
d)	5	5
e)	3	6
f)	8	7
g)	9	9

W **4**

5 6 7 7 8 8
9 9 10 10 11
11 12 12 13 14

1 Zahlendreher thematisieren.

Die Hunderterkette und der Zahlenstrahl

1

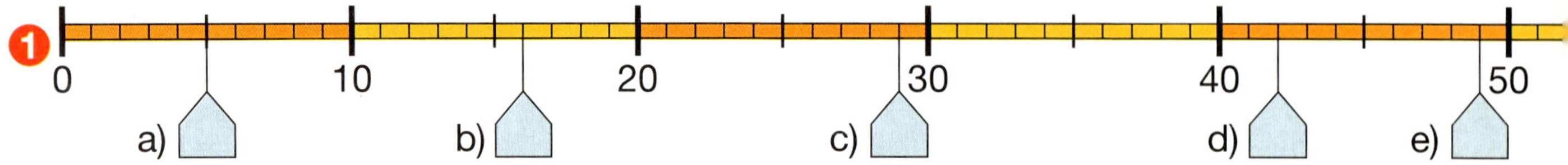

Welche Zahlen gehören zu den Schildern am Zahlenstrahl?

2 Welche Zahlen gehören zu den Schildern an der Hunderterkette?

3 Welche Zahlen könnten es sein?

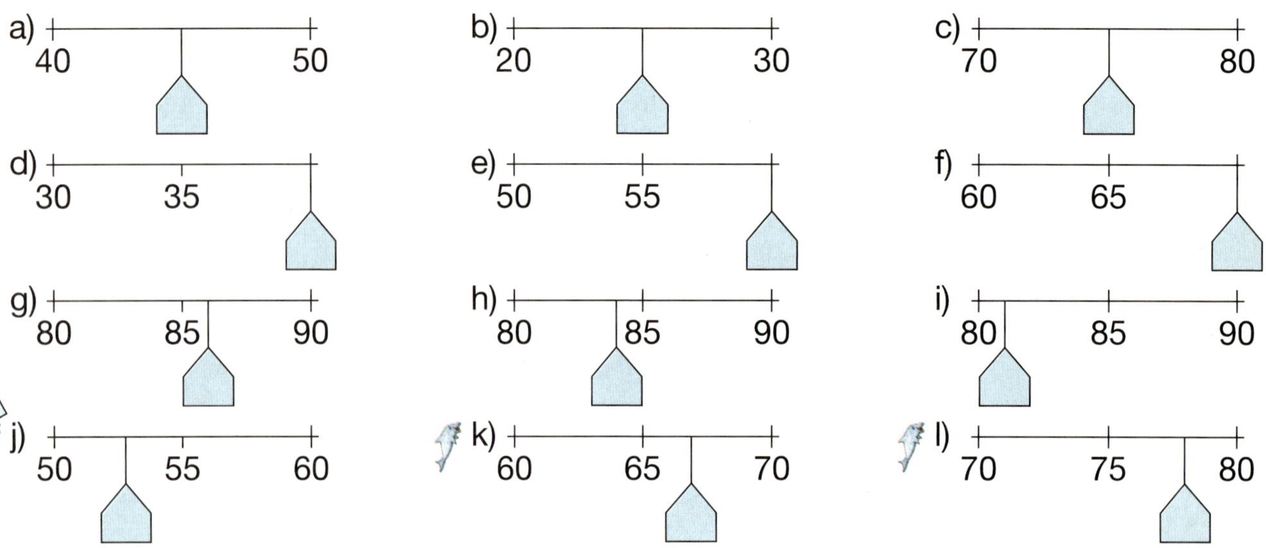

4 Zähle vorwärts bis zur nächsten Zehnerzahl.

a) 20, 21, … 30 b) 42, 43, … 50 c) 54, 55, … d) 32, 33 …

e) 80, 81, … f) 75, 76, … g) 67, 66, … h) 91, 92 …

i) 30, 32, … 40 j) 60, 62, … 70 k) 21, 23, … 30 l) 51, 53, …

5 Jetzt rückwärts.

a) 36, 35, … 30 b) 74, 73, … 70 c) 95, 94, … d) 100, 99 …

e) 87, 86, … f) 51, … g) 25, … h) 65, …

i) 60, 58, … 50 j) 80, 78, … k) 40, 38, … l) 90, 88, …

6 Vorwärts zur nächsten Zehnerzahl.

a)	b)	c)	d)
25 + ___ = 30	32 + ___ = 40	45 + ___ = 50	81 + ___ = ___
24 + ___ = 30	31 + ___ = 40	44 + ___ = 50	82 + ___ = ___
27 + ___ = 30	30 + ___ = 40	43 + ___ = 50	83 + ___ = ___
23 + ___ = 30	38 + ___ = 40	42 + ___ = 50	84 + ___ = ___
22 + ___ = 30	36 + ___ = 40	41 + ___ = 50	85 + ___ = ___

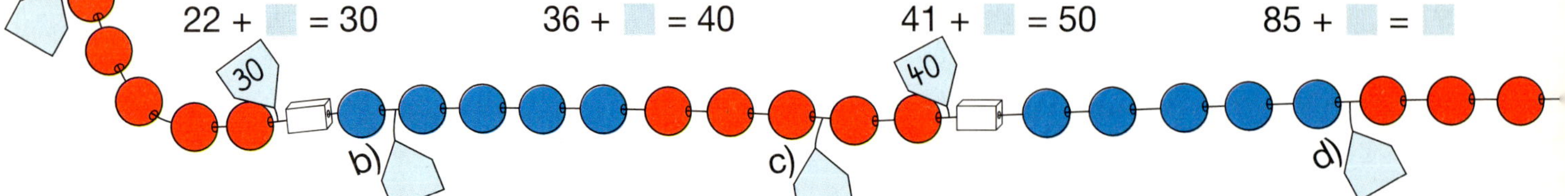

4 und 5 Diff.: Über die nächste Zehnerzahl hinauszählen. 6 An der Hunderterkette oder am Zahlenstrahl orientieren.

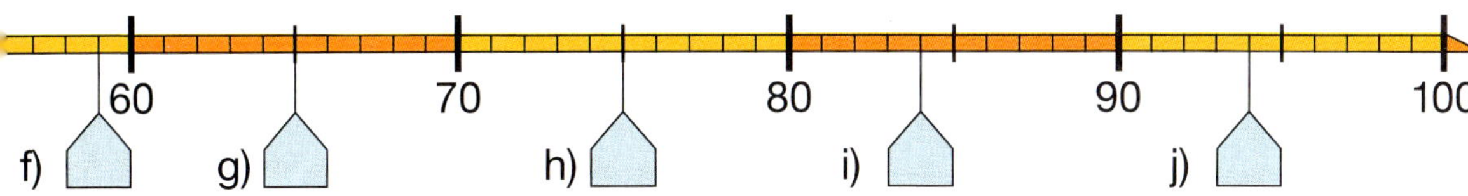

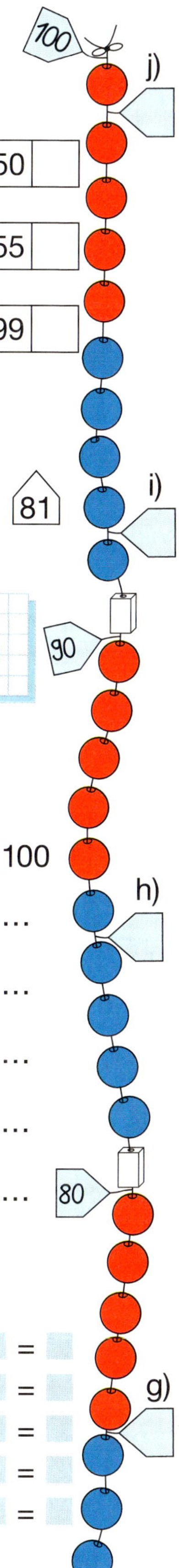

7 Zeige die Nachbarzahlen an der Hunderterkette und am Zahlenstrahl.

a) ☐ 38 ☐	b) ☐ 25 ☐	c) ☐ 67 ☐	d) ☐ 77 ☐	e) ☐ 50 ☐
f) ☐ 95 ☐	g) ☐ 75 ☐	h) ☐ 72 ☐	i) ☐ 80 ☐	j) ☐ 55 ☐
k) ☐ 30 ☐	l) ☐ 81 ☐	m) ☐ 43 ☐	n) ☐ 94 ☐	o) ☐ 99 ☐

8 Suche die Nachbarzehner und zeichne ins Heft.

a) 45	b) 65	c) 75	d) 21	e) 51	f) 81
g) 79	h) 39	i) 49	j) 46		
k) 87	l) 37	m) 63	n) 52		

9 Rechne am Zahlenstrahl oder an der Hunderterkette. Setze fort.

a) 0 —(+20)→ 20 —(+20)→ 40 —(+20)→ 60 —( )→ 80 —( )→ 100

b) 0 —(+10)→ 10 —(+10)→ 20 —( )→ ☐ —( )→ ☐ —( )→ …

c) 0 —(+5)→ 5 —(+5)→ 10 —( )→ ☐ —( )→ ☐ —( )→ …

d) 0 —(+4)→ 4 —(+4)→ 8 —( )→ ☐ —( )→ ☐ —( )→ …

e) 100 —(−10)→ 90 —(−10)→ 80 —( )→ ☐ —( )→ ☐ —( )→ …

f) 100 —(−5)→ 95 —(−5)→ 90 —( )→ ☐ —( )→ ☐ —( )→ …

10 Zurück zur Zehnerzahl.

a)	b)	c)	d)
51 – ☐ = 50	63 – ☐ = 60	74 – ☐ = 70	89 – ☐ = ☐
52 – ☐ = 50	62 – ☐ = 60	32 – ☐ = 30	96 – ☐ = ☐
53 – ☐ = 50	61 – ☐ = 60	40 – ☐ = 40	73 – ☐ = ☐
54 – ☐ = 50	69 – ☐ = 60	26 – ☐ = 20	50 – ☐ = ☐
55 – ☐ = 50	68 – ☐ = 60	88 – ☐ = 80	35 – ☐ = ☐

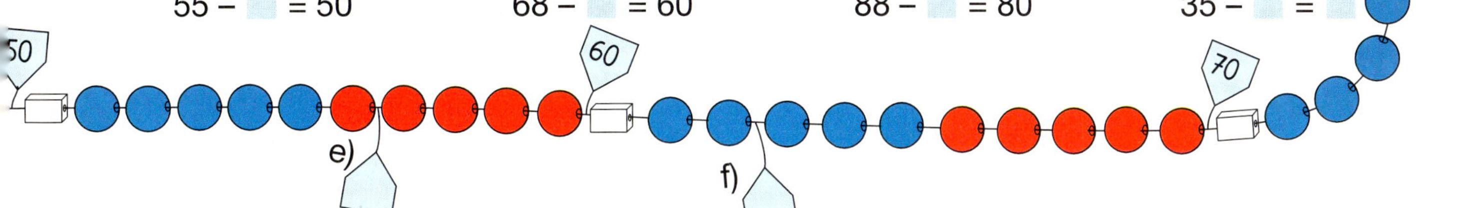

9 Immer gleich große Schritte.

Das Hunderterfeld

1 Legt zu zweit auf das Hunderterfeld.

a) 16 b) 10 c) 20 d) 25 e) 27 f) 34 g) 35
h) 43 i) 45 j) 47 k) 50 l) 65 m) 72 h) 87

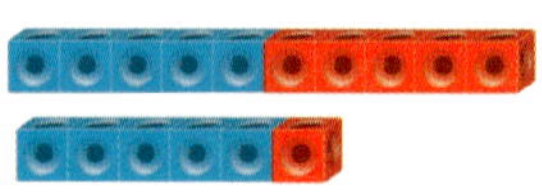

2 Schreibe mit Ziffern.

a) zweiundvierzig
b) zwanzig
c) einundzwanzig
d) zwölf
e) einundneunzig
f) fünfundvierzig
g) sechsundvierzig
h) siebenunddreißig
i) dreiundsiebzig
j) sechsundachtzig
k) achtundsechzig
l) siebenundsiebzig

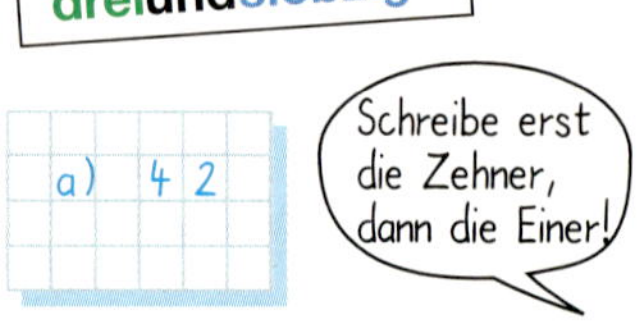

1 In Partnerarbeit Zahlen am Hunderterfeld mit Steckwürfelstangen darstellen. Dabei Fünfer-Struktur beachten.

3 Welche Zahlen sind dargestellt?

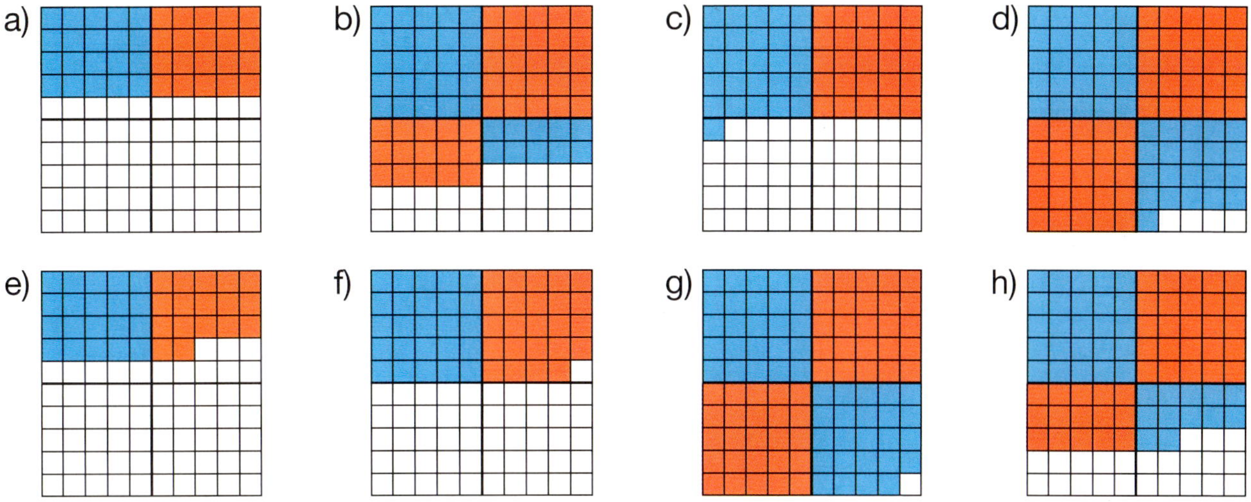

4 Zeichne ins Heft.

a) 17 b) 70 c) 37 d) 43 e) 23 f) 21

g) 12 h) 52 i) 85 j) 26 k) 62 l) 99

m) 64 n) 49 o) 50 p) 51 q) 61 r) 100

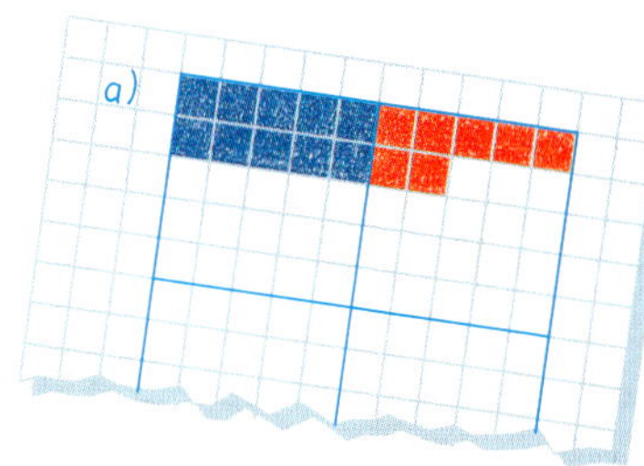

5 Immer zwei gleich große Teile? Probiere und begründe.

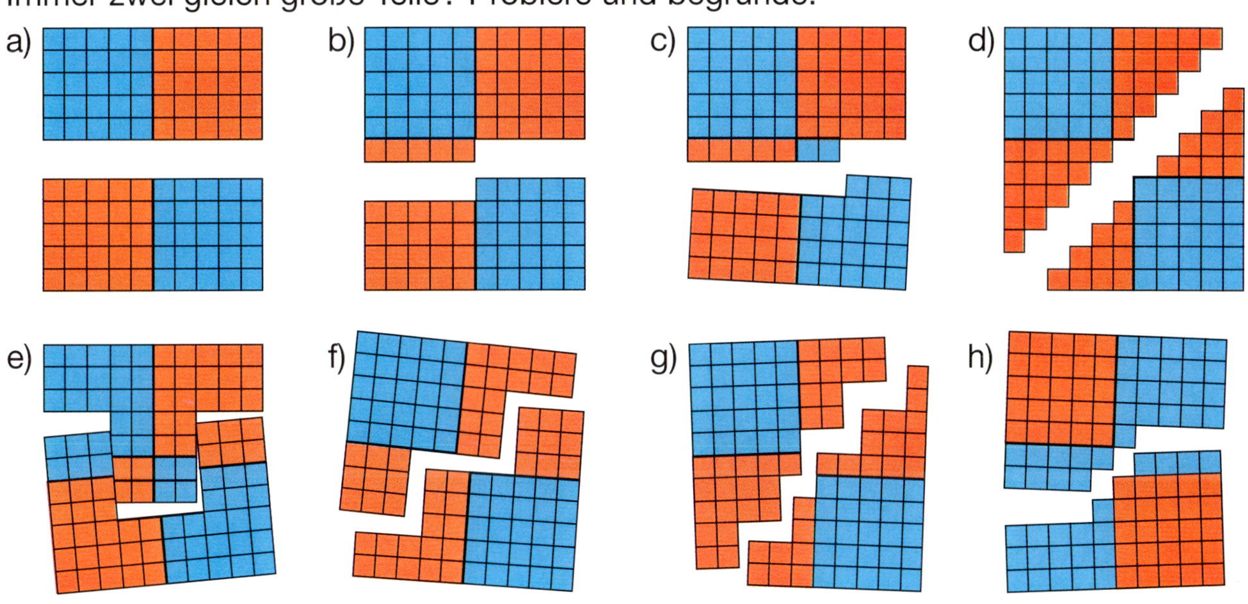

6 Zerschneide Hunderterfelder.

a) in 4 gleich große Teile
b) in 5 gleich große Teile
c) in 10 gleich große Teile
d) in 20 gleich große Teile
e) in 8 gleich große Teile
f) in 3 gleich große Teile

4, **5** und **6** Evtl. Kopiervorlage benutzen. **5** Diff.: Passende Plusaufgaben schreiben.
6 Eine Aufgabe ist nicht lösbar. Diff.: Weitere Plusaufgaben mit Ergebnis 100 erfinden.

Die Hundertertafel

1

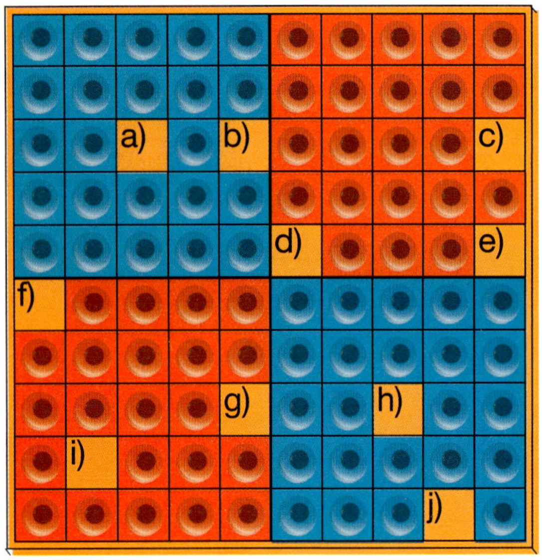

Welche Plätze sind frei?

1	2	3	4	5	6	7	8	9	10
11	12	13	14	15	16	17	18	19	20
21	22	23	24	25	26	27	28	29	30
31	32	33	34	35	36	37	38	39	40
41	42	43	44	45	46	47	48	49	50
51	52	53	54	55	56	57	58	59	60
61	62	63	64	65	66	67	68	69	70
71	72	73	74	75	76	77	78	79	80
81	82	83	84	85	86	87	88	89	90
91	92	93	94	95	96	97	98	99	100

a) der 23. Platz

2 Färbe in Hundertertafeln.

a) 23, 24, 25, … , 30
b) 67, 68, 69, … , 75
c) 28, 38, 48, … , 98
d) 37, 36, 35, … , 27
e) 82, 81, 80, … , 72
f) 93, 83, 73, … , 3
g) 2, 4, 6, … , 20
h) 30, 33, 36, … , 60
i) 80, 84, 88, … , 100

3 Muster auf der Hundertertafel.

a)

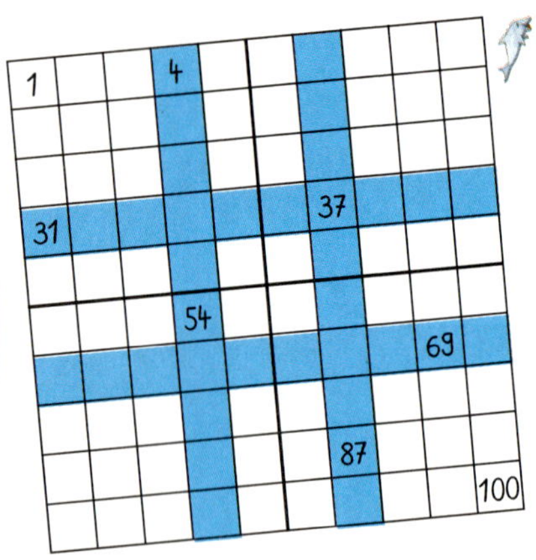

Erfinde selbst Muster für deine Partner!

b)

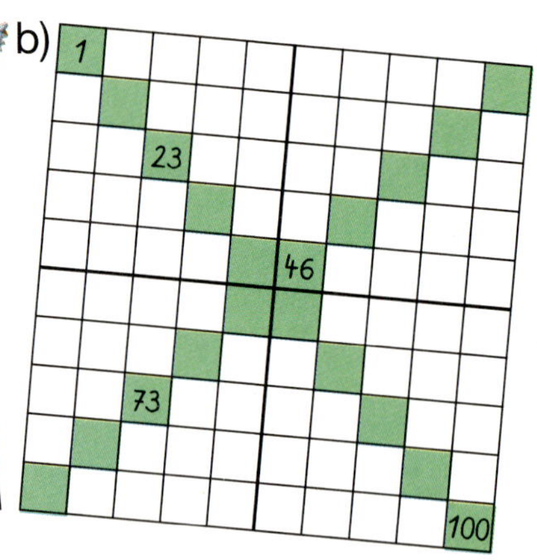

c)

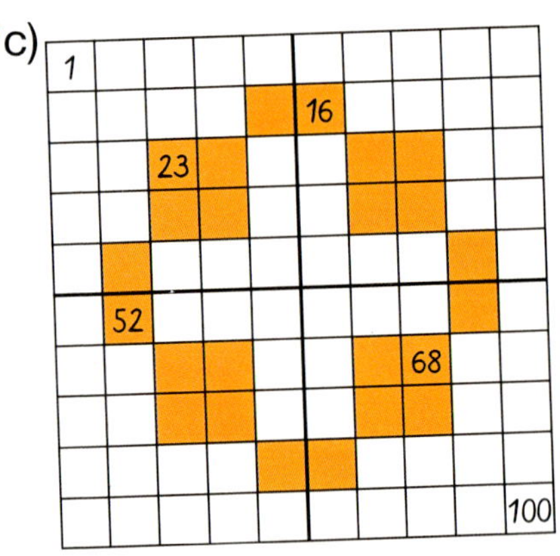

4 Schreibe die fehlenden Zahlen.

a)

12		
22	23	24

b)

	63	
	73	
	83	

c)

34		
	45	
		56

d)

	18	
27	28	

e)

67		69
	78	

f)

	89	
98		100

g)

23		
	34	

h)

81	82	

i)

		50
	59	

j)

	12	

k)

	74	

l)

	29	

Erste Orientierung. **1** Zahlen auf der Hundertertafel rechts suchen.
2 Jeweils die Zahlenfolgen zeigen und notieren. **3** Muster beschreiben. Zugehörige Zahlen schreiben.

Die Hundertertafel

1 a)

1	2	3	4		6	7	8	9	10
11	12	13	14		16	17	18	19	20
21	22			25	26				30
31	32	33	34	35		37	38	39	40
41	42	43	44	45		47	48	49	
51				55		57	58	59	
61	62	63	64	65	66	67	68	69	
			74	75	76	77	78	79	80
81	82	83	84	85	86	87	88	89	90
91	92	93	94	95	96	97			

Welche Zahlen sind versteckt?

Rechts neben der 4 ist die 5. Unter der 5 die 15.

b)

1	2		4	5	6	7	8	9	10
11	12		14	15	16	17	18	19	20
21	22		24	25	26			29	30
31			34	35					40
41	42	43	44	45	46	47	48	49	50
51	52		54	55	56	57	58	59	60
61	62		64		66	67	68	69	70
71			74				78	79	80
81			84	85	86			89	90
91	92	93	94	95	96	97	98	99	100

2 Suche alle Zahlen und schreibe auf.

a) mit 5 Einern b) mit einem Zehner

c) mit 6 Einern d) mit 0 Einern

e) mit 4 Zehnern f) mit 9 Zehnern

3

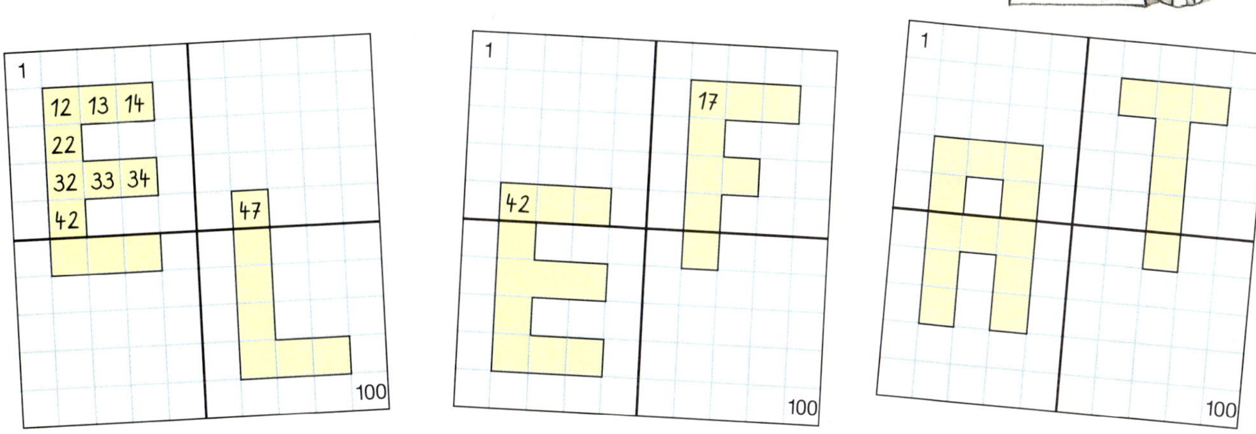

4 a) Meine Zahl ist die linke Nachbarin von 20.

b) Meine Zahl liegt ein Feld unter 87.

c) Meine Zahl liegt ein Feld über 44.

d) Meine Zahl ist die rechte Nachbarin von 67.

e) Meine Zahlen liegen links neben 59.

f) Ich habe mir vier Zahlen in der Mitte ausgesucht.

Schreibe eigene Zahlenrätsel.

5

a)	b)	c)	d)
100 = 80 + ☐	100 = 10 + ☐	100 = ☐ + 40	100 = ☐ + 30
100 = 70 + ☐	100 = 90 + ☐	100 = ☐ + 50	100 = ☐ + 20
100 = 40 + ☐	100 = 20 + ☐	100 = ☐ + 60	100 = ☐ + 10
100 = 30 + ☐	100 = 80 + ☐	100 = ☐ + 70	100 = ☐ + 0

1 Beim Ergebnisvergleich die Lagebeziehungen erkennen. Diff.: für Partner Zahlen verstecken.
4 Zahlen notieren. e) Viele Lösungen. Diff.: Eigene Zahlenrätsel schreiben.

Springen auf der Hundertertafel

1 Hier entstehen Muster. Vermute. Zeichne. Überprüfe.

a) Von 1 immer 3 Einer weiter.

b) Von 98 immer 4 Einer zurück.

c) Von 2 immer 2 Einer weiter.

d) Von 4 immer 3 Zehner weiter.

e) Von 97 immer 3 Zehner zurück.

f) Von 100 immer 2 Zehner zurück.

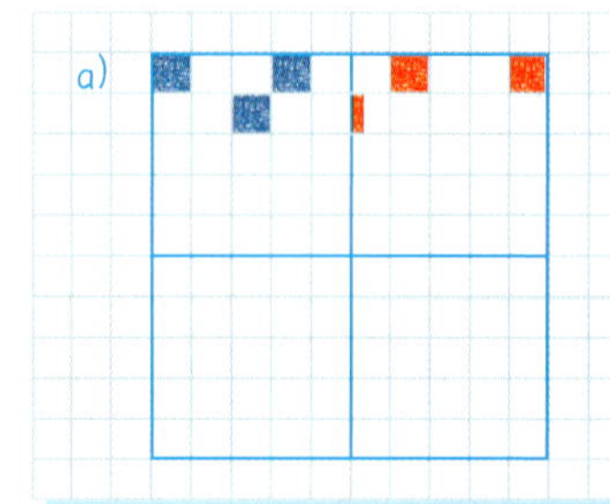

2 Springe zwei Felder in vier Richtungen.

a) 

b) 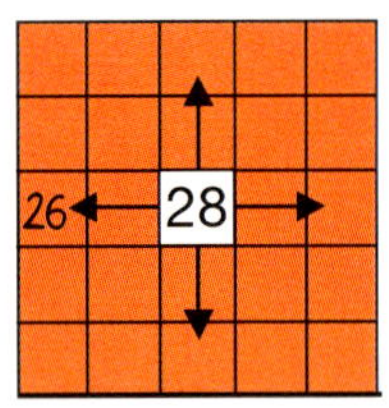

c) 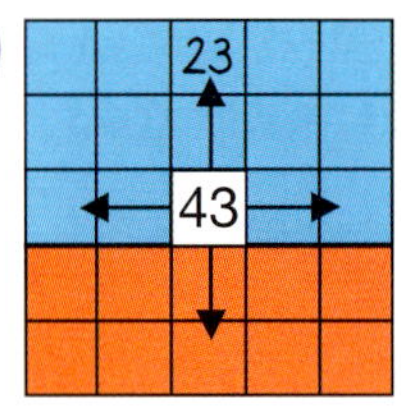

d) 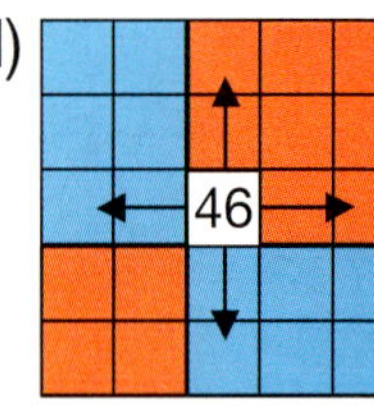

e) 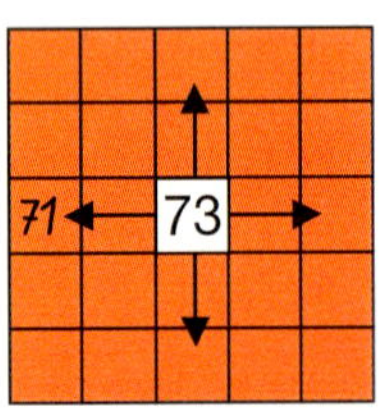

f) 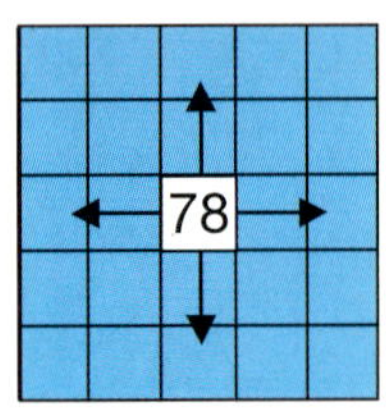

g) 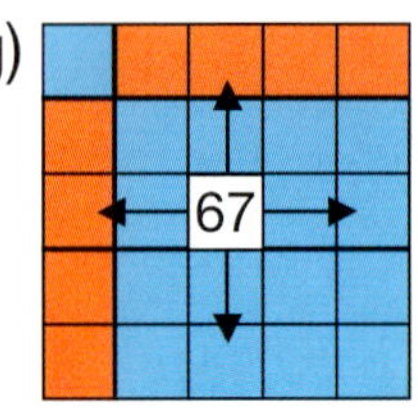

h) 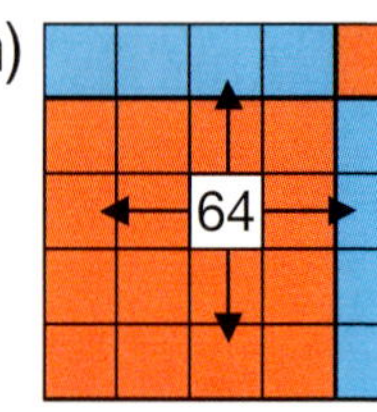

3 Springe drei Felder weiter.

a) 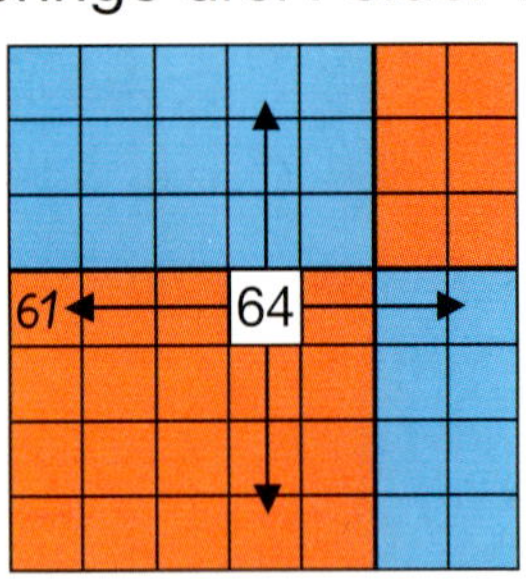

b) 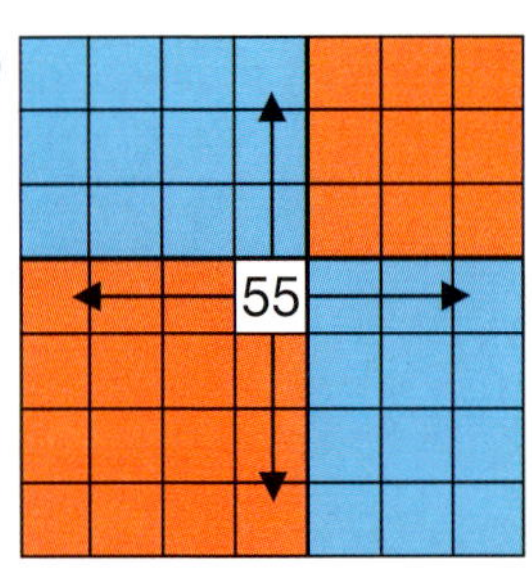

c) 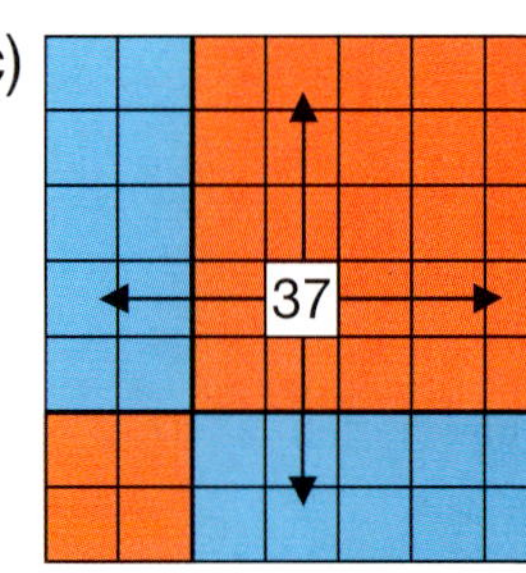

d) 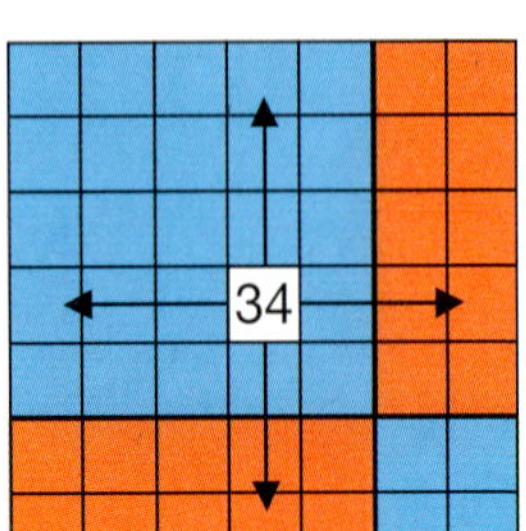

e) 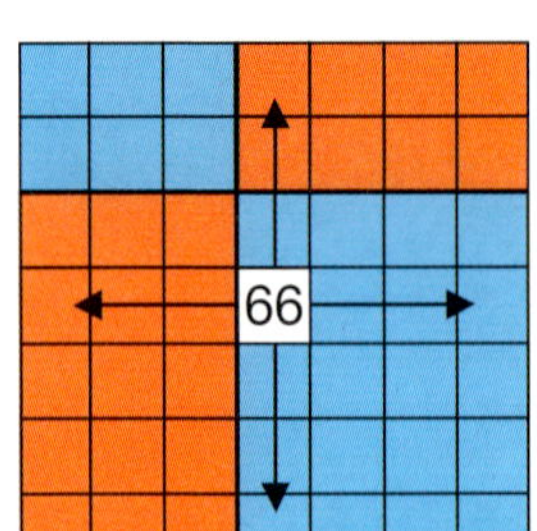

f) 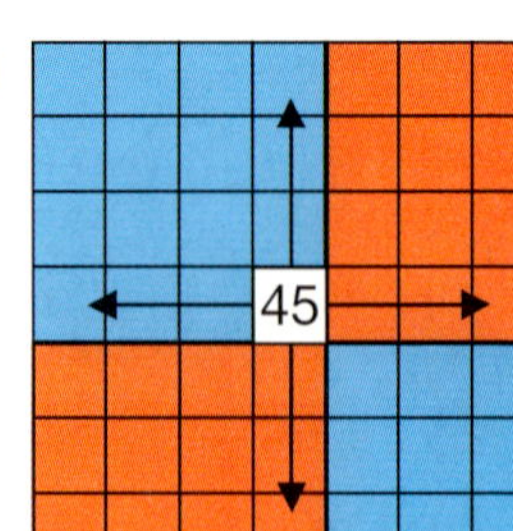

4 Zeige an der Hundertertafel. Rechne

a)	b)	c)	d)	e)
45 + 40	67 + 30	53 + 20	35 + 20	22 + 20
45 + 4	67 + 3	53 + 2	35 + 2	22 + 2
45 − 4	67 − 3	53 − 2	35 − 2	22 − 2
45 − 40	67 − 30	53 − 20	35 − 20	22 − 20

1 Diff.: Zahlen notieren. Muster beschreiben. **2** Jeweils die vier Zahlen schreiben. Evtl. Hundertertafel benutzen. Entdecken: Waagerecht Einerschritte, senkrecht Zehnerschritte. **4** Ergebnisse der Hundertertafel entnehmen.

Wege auf der Hundertertafel

1

- Würfele.
- Lies die zugehörige Karte.
- Setze deine Figur.
- Der Nächste.
- Sieger ist, wer als Erster die 100 überschreitet.

1	2	3	4	5	6	7	8	9	10
11	12	13	14	15	16	17	18	19	20
21	22	23	24	25	26	27	28	29	30
31	32	33	34	35	36	37	38	39	40
41	42	43	44	45	46	47	48	49	50
51	52	53	54	55	56	57	58	59	60
61	62	63	64	65	66	67	68	69	70
71	72	73	74	75	76	77	78	79	80
81	82	83	84	85	86	87	88	89	90
91	92	93	94	95	96	97	98	99	100

Start · Ziel

(6) Gehe 2 Zehner weiter, dann 3 Einer weiter.

(5) Gehe 1 Zehner weiter, dann 3 Einer zurück.

(4) Gehe 4 Zehner weiter, dann 3 Einer zurück.

(3) Gehe 2 Zehner zurück, dann 1 Einer zurück.

(2) Gehe 1 Zehner weiter, dann 0 Einer.

(1) Gehe 2 Zehner weiter, dann 3 Einer weiter.

2 Wo landest du auf der Hundertertafel?

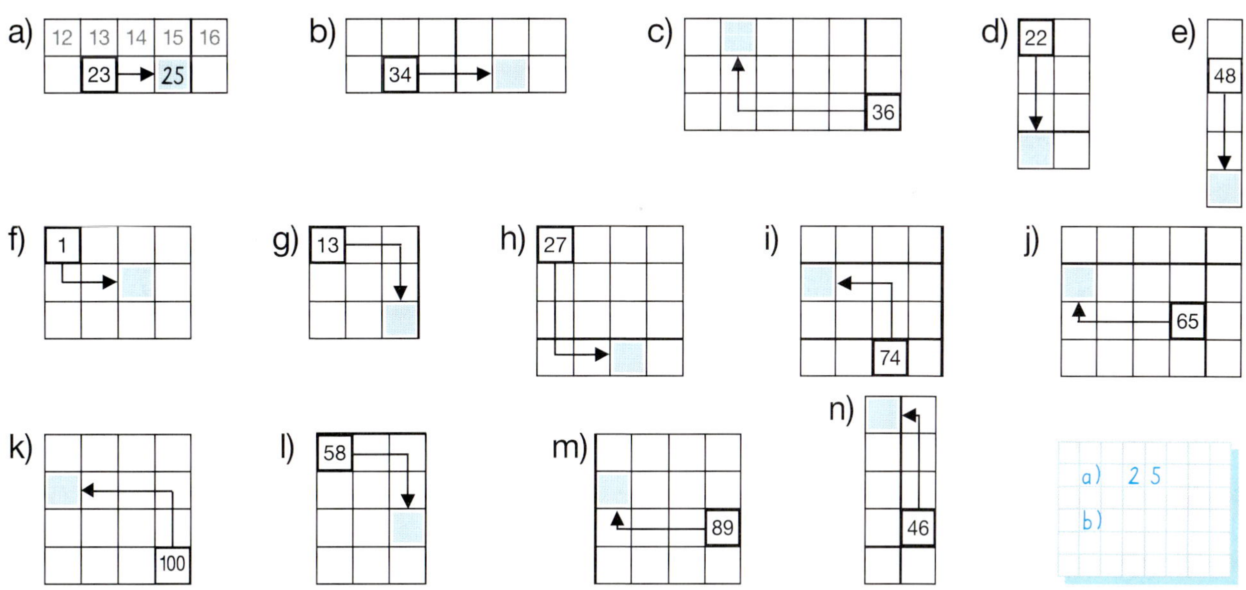

Die Zahl 100

1

Was weißt du über die Zahl 100?

2 Zerlegemauern. Immer 100.

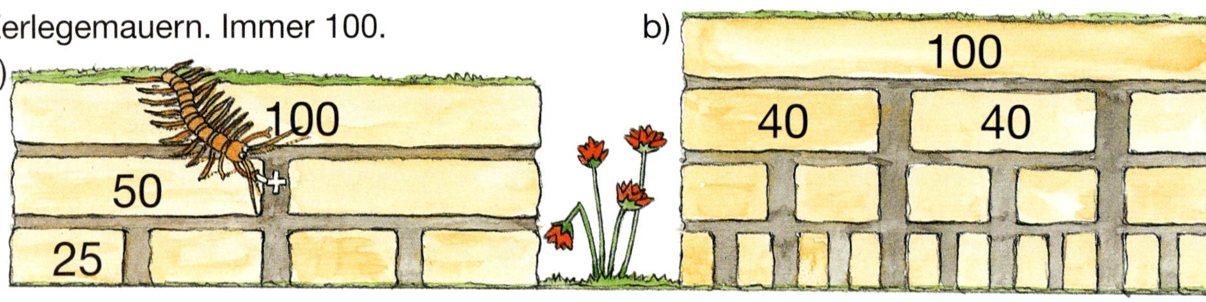

3 Zerlege die Zahl 100 immer wieder verschieden.

a) 100

	+	20
	+	40
	+	80

b) 100

10	+		+	
20	+		+	
30	+		+	

c) 100

	+		+		+	
	+		+		+	
	+		+		+	

4 Geht es immer mit gleichen Zahlen?

a) 50 + ☐ = 100
b) 40 + 40 + ☐ = 100
c) 30 + 30 + 30 + ☐ = 100
d) 20 + 20 + 20 + 20 + ☐ = 100

e) 100 – 20 – 20 – 20 – 20 – 20 = ☐
f) 100 – 30 – 30 – 30 = ☐
g) 100 – 40 – 40 = ☐
h) 100 – 50 – 50 = ☐

Was fällt dir auf?

5 Zahlenmauern: 100 ist Spitze!

W **6** a) 15 13 12 – 3 4 8 7   b) 20 16 14 – 2 5 6 9

Die Zahl 100 untersuchen. **1** Aspekte in der Umwelt. **2** bis **5** Zerlegungen der Zahl 100 finden.
4 Feststellen, dass 30 und 40 nicht ohne Rest in 100 enthalten sind. **5** Diff.: Weitere Zahlenmauern zu 100 bauen.
2, **3**, **5** Kopiervorlagen.

1 Gibt es eine Glückszahl, die besonders oft fällt? Vermute.
Würfle 50-mal.

Zahl	⚀	⚁	⚂	⚃	⚄	⚅
Strichliste						

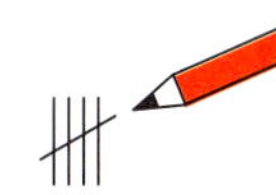

Zufall?

2 Jetzt 50-mal mit zwei Würfeln. Rechne plus.
Welches Ergebnis wird wohl besonders oft vorkommen? Vermute.

Ergebnisse	2	3	4	5	6	7	8	9	10	11	12
Strichliste											
mögliche Würfe	1 + 1										6 + 6

Überprüfe deine Vermutung. Begründe.

3 Mit drei Würfeln sind diese Ergebnisse möglich. Welche sind besonders häufig?

Ergebnisse	3	4	5	6	7	8	9	10	11	12	13	14	15	16	17	18
Strichliste																

4 **7 + 8 + 3**

Eine schwere Aufgabe?

Ich vertausche die Zahlen.

7 + 3 + 8
10 + 8 =

5 a) 7 + 5 + 3 =
7 + 6 + 3 =
8 + 5 + 2 =

b) 6 + 7 + 4 =
6 + 8 + 4 =
9 + 3 + 1 =

c) 5 + 9 + 5 =
5 + 7 + 5 =
4 + 8 + 6 =

d) 7 + 9 + 3 =
8 + 2 + 7 =
6 + 9 + 4 =

6 a) 13 – 7 – 3 =
13 – 5 – 3 =
13 – 8 – 3 =

b) 11 – 9 – 1 =
11 – 7 – 1 =
11 – 6 – 1 =

c) 14 – 8 – 4 =
14 – 6 – 4 =
14 – 4 – 9 =

d) 12 – 2 – 4 =
12 – 3 – 2 =
12 – 5 – 2 =

1 Versuch mehrfach durchführen. Feststellen, dass die häufigste Zahl nur vom Zufall bestimmt wird.
2 Strichliste auswerten. Alle möglichen Würfe für jede Summe aufschreiben. Daraus die größere Wahrscheinlichkeit für bestimmte Summen erklären. **4** bis **6** Rechenvorteil durch Vertauschen.

Faltprojekt

1

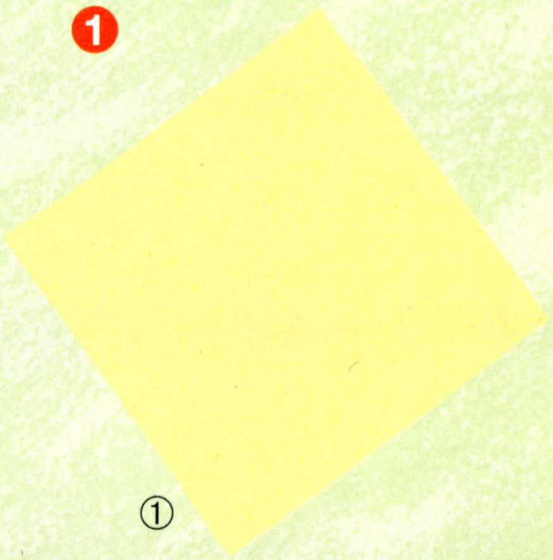

2 Weitere Vögel.

3 Falte eigene Figuren. Gestaltet ein Bild.

Die 7 Raben mit ihrer Schwester.

Die sieben Raben

Es war einmal eine Frau, die wünschte sich viele Kinder. Aber das Wünschen nutzte ihr nichts, denn sie bekam kein einziges. Einmal sagte sie leichtfertig, als sie an einem Kirchhof vorbeiging und die Raben um den Turm fliegen sah: „Ach hätte ich doch wenigstens sieben Söhne, und wenn es kleine, nette, schwarze Raben wären, ich wäre froh darüber."
Bald darauf sollte sie ein Kind bekommen...

4

①

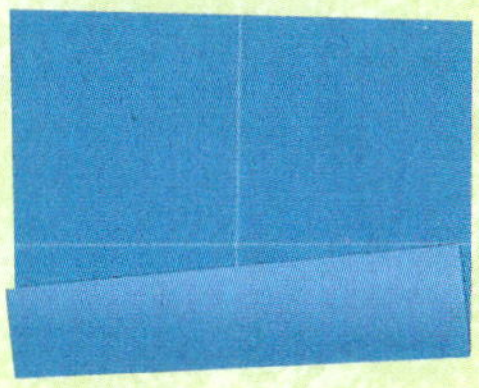

②

③

Es sind 16 kleine Quadrate.

④ Von unten nach oben falten, wieder öffnen.

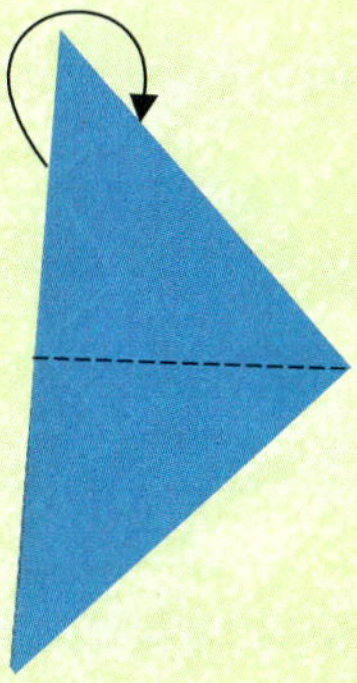

⑤ Von links nach rechts falten.

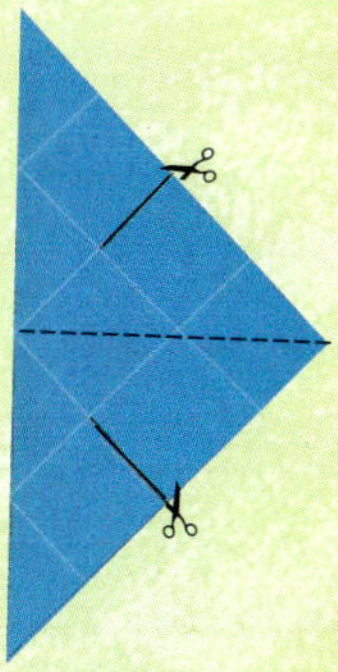

⑥ Einschneiden.

⑦ Öffnen.

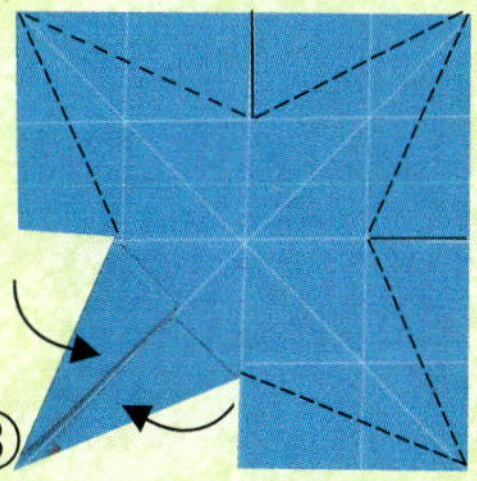

⑧ „Zum Stern falten".

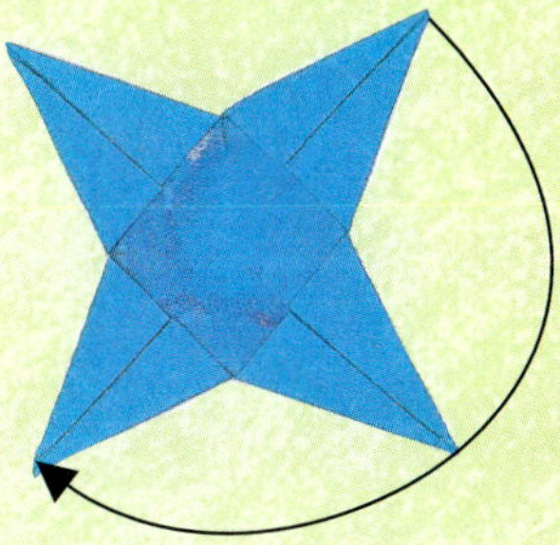

⑨ Spitze auf Spitze.

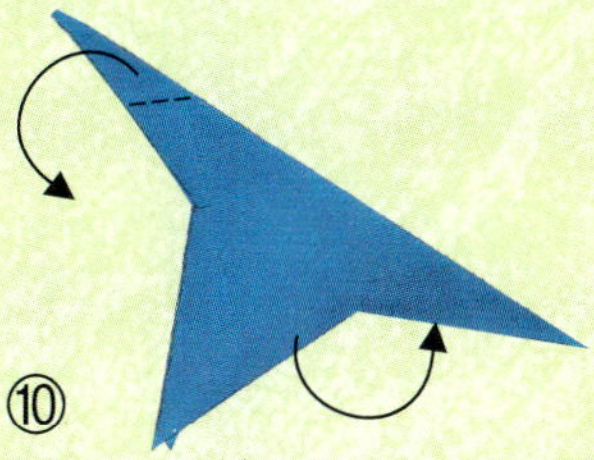

⑩ Schnabel abknicken, hinteren Flügel aufklappen.

⑪

5 Gestaltet ein Bild zum Märchen.

5 Gruppenarbeit.

Addieren und Subtrahieren

1

2 Zeichne und rechne.

a) b)

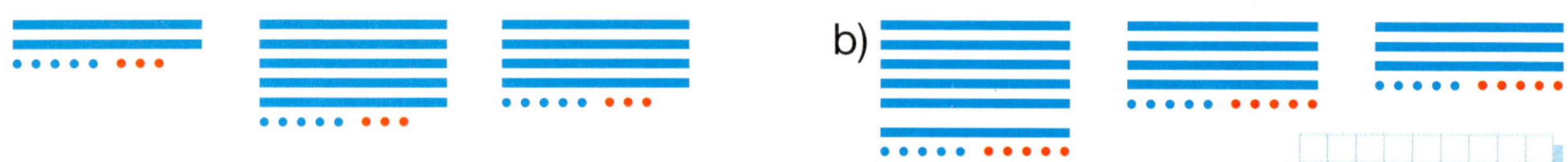

a) 25 + 3 =

3

a)	b)	c)	d)
4 + 4 =	3 + 3 =	2 + 7 =	4 + 6 =
14 + 4 =	13 + 3 =	12 + 7 =	14 + 6 =
43 + 4 =	53 + 3 =	42 + 7 =	84 + 6 =
63 + 4 =	73 + 3 =	72 + 7 =	95 + 5 =
52 + 4 =	63 + 3 =	83 + 7 =	75 + 5 =
72 + 4 =	83 + 3 =	93 + 7 =	83 + 7 =

Kontrolliere selbst.

6 8 9 10 16 18 19 20 47 49 56 56 66 67 76 76 79 80 86 90 90 90 100 100

4

a)	b)	c)	d)
12 + 4 =	43 + 5 =	52 + 2 =	34 + 3 =
12 + 3 =	53 + 5 =	64 + 2 =	44 + 3 =
12 + 2 =	63 + 5 =	74 + 3 =	55 + 0 =
12 + 7 =	83 + 5 =	94 + 3 =	65 + 0 =
12 + 6 =	93 + 5 =	95 + 4 =	95 + 5 =
12 + 5 =	94 + 6 =	96 + 4 =	65 + 5 =

14 15 16 17 18 19 37 47 48 54 55 58 65 66 68 70 77 88 97 98 99 100 100 100

5 a) b) c) d) e)

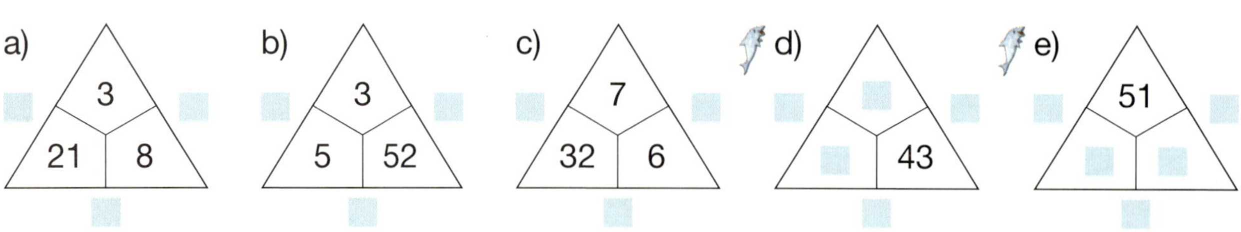

6 Aus jedem Stapel eine Schachtel in die Kiste.

a) b)

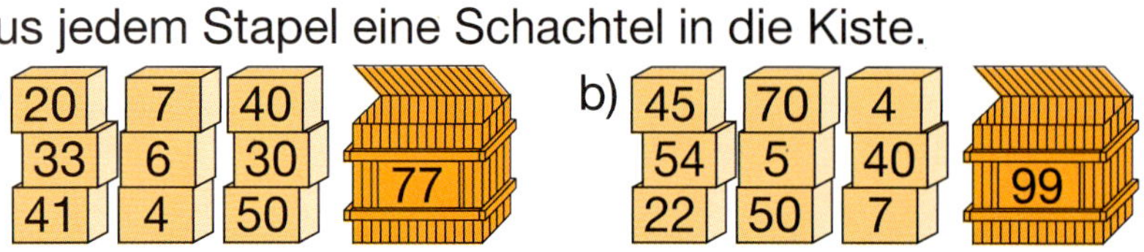

a) 20 + 7 + 50 =
33 + 4 + =

5 d), e) Selbst Zahlen auswählen.

7

8 a) b)

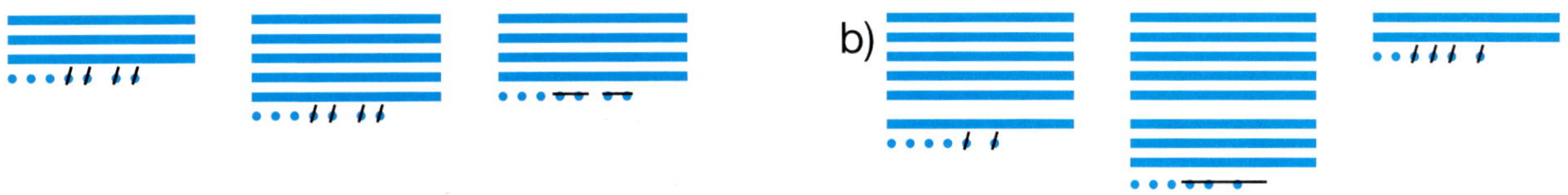

9

a) 4 − 3 = ☐
14 − 3 = ☐
44 − 3 = ☐
54 − 3 = ☐
64 − 3 = ☐
83 − 3 = ☐

b) 6 − 4 = ☐
16 − 4 = ☐
36 − 4 = ☐
46 − 4 = ☐
76 − 4 = ☐
96 − 4 = ☐

c) 5 − 2 = ☐
15 − 2 = ☐
55 − 2 = ☐
65 − 2 = ☐
75 − 2 = ☐
92 − 2 = ☐

d) 9 − 5 = ☐
19 − 5 = ☐
38 − 5 = ☐
88 − 5 = ☐
99 − 5 = ☐
100 − 5 = ☐

1 2 3 4 11 12 13 14 32 33 41 42 51 53 61 63 72 73 80 83 90 92 94 95

10

a) 19 − 7 = ☐
29 − 7 = ☐
38 − 7 = ☐
58 − 7 = ☐
88 − 7 = ☐
98 − 7 = ☐

b) 36 − 4 = ☐
37 − 5 = ☐
38 − 6 = ☐
39 − 8 = ☐
29 − 8 = ☐
29 − 6 = ☐

c) 69 − 4 = ☐
79 − 4 = ☐
88 − 6 = ☐
98 − 6 = ☐
38 − 5 = ☐
18 − 5 = ☐

d) 55 − 3 = ☐
65 − 3 = ☐
74 − 4 = ☐
94 − 4 = ☐
99 − 5 = ☐
49 − 5 = ☐

12 13 21 22 23 31 31 32 32 32 33 44 51 52 62 65 70 75 81 82 90 91 92 94

11

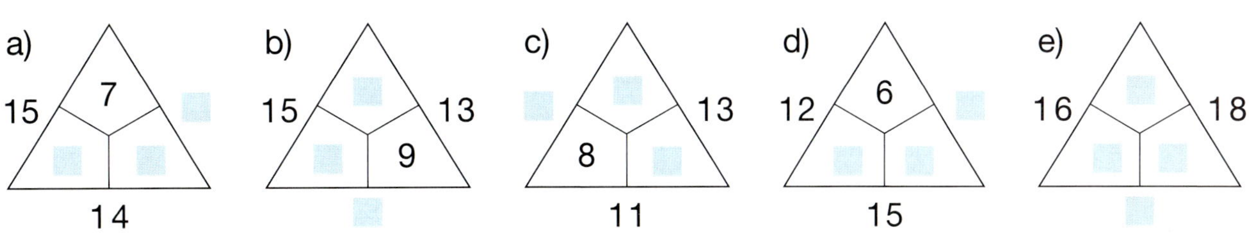

12

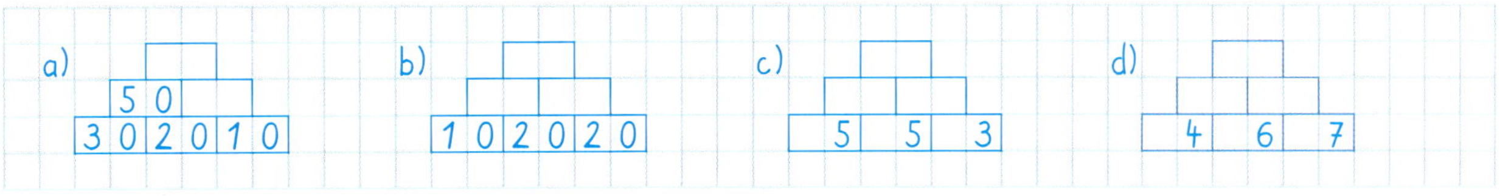

12 Zahlenmauern abzeichnen und ergänzen oder Kopiervorlage nutzen.

RECHENKONFERENZ

1

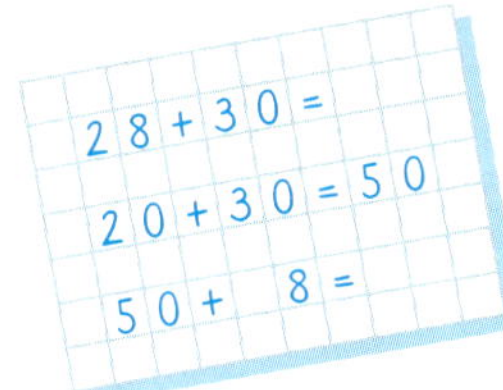

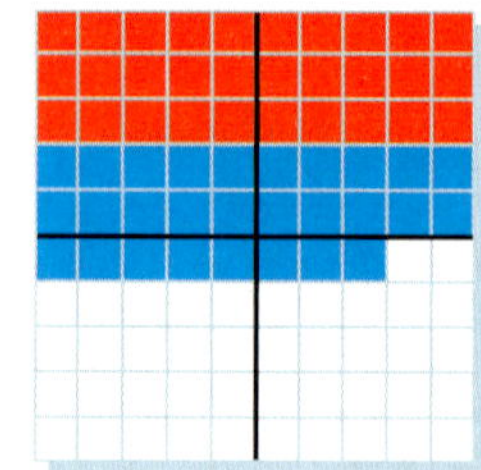

2 Lege und rechne.

a) 
b) 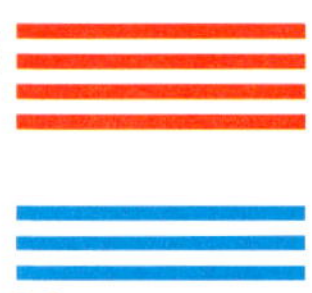
c) 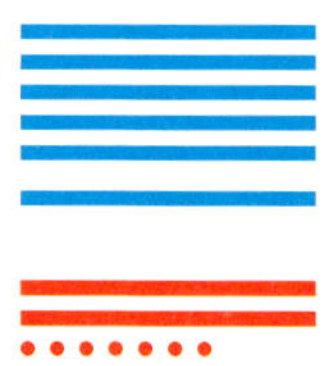
d) 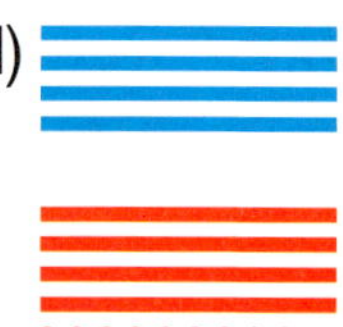
e) 

3

a)		b)		c)	
7 + 10 =		5 + 20 =		9 + 30 =	
17 + 10 =		15 + 20 =		19 + 30 =	
27 + 10 =		25 + 20 =		29 + 30 =	
37 + 10 =		35 + 20 =		38 + 30 =	
47 + 10 =		45 + 20 =		48 + 30 =	

17 25 27 35 37 39 45 47 49 55 57 59 65 68 78

4

a)		b)		c)		d)	
50 + 6 =		60 + 3 =		60 + 9 =		30 + 4 =	
50 + 16 =		50 + 13 =		60 + 19 =		30 + 14 =	
50 + 26 =		40 + 33 =		60 + 29 =		30 + 44 =	
50 + 28 =		30 + 35 =		60 + 38 =		30 + 59 =	
50 + 38 =		20 + 35 =		60 + 39 =		30 + 64 =	

34 44 55 56 63 63 65 66 69 73 74 76 78 79 88 89 89 94 98 99

5

a) 

5
Immer 20 dazu.

b) 

11
Immer 30 dazu.

c) 

19
Immer 10 dazu.

d) 

8
Immer 40 dazu.

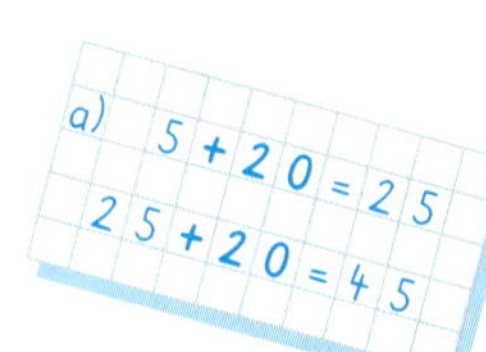

6

a) 

b) 

c) 

1 und 7 Eigene und andere Rechenwege erproben und vergleichen.

7

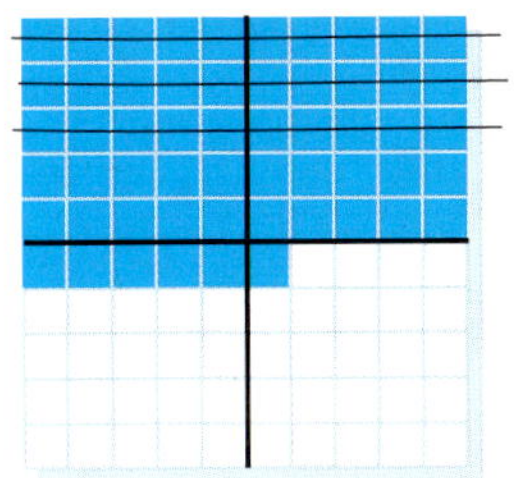

56 − 30 = 26

50 − 30 = 20
20 + 6 =

8 Zeichne und rechne.

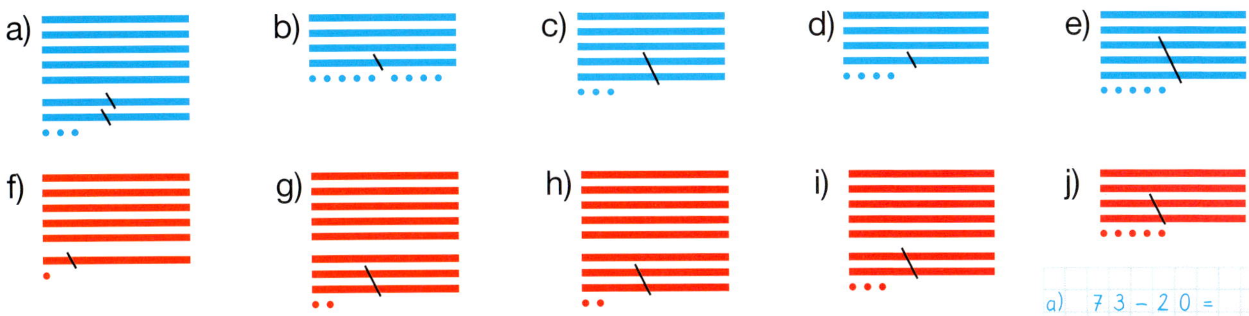

a) 73 − 20 =

9

a) 61 − 10 =
51 − 10 =
41 − 10 =
31 − 10 =
21 − 10 =

b) 62 − 20 =
52 − 20 =
42 − 20 =
32 − 20 =
22 − 20 =

c) 55 − 30 =
65 − 30 =
75 − 30 =
85 − 30 =
95 − 30 =

d) 98 − 40 =
88 − 40 =
97 − 40 =
87 − 40 =
77 − 40 =

2 11 12 21 22 25 31 32 35 37 41 42 45 47 48 51 55 57 58 65

10

a) 76 − 10 =
76 − 20 =
76 − 30 =
76 − 40 =
76 − 50 =

b) 92 − 10 =
92 − 20 =
92 − 30 =
92 − 40 =
92 − 50 =

c) 61 − 10 =
61 − 20 =
65 − 30 =
65 − 40 =
75 − 40 =

d) 84 − 10 =
84 − 20 =
87 − 30 =
97 − 50 =
97 − 60 =

25 26 35 35 36 37 41 42 46 47 51 52 56 57 62 64 66 72 74 82

11

a) 36 + 30 =
36 − 30 =
45 + 20 =
45 − 20 =

b) 78 + 20 =
78 − 20 =
82 + 10 =
82 − 10 =

c) 69 + 30 =
69 − 30 =
56 + 40 =
56 − 40 =

d) 47 + 40 =
47 − 40 =
53 + 30 =
53 − 30 =

6 7 16 23 25 39 58 65 66 72 83 87 92 96 98 99

12

a)

b)

c)

9 bis **11** Evtl. zeichnen und rechnen.

Ergänzen

1

a)
11 + ◻ = 20
12 + ◻ = 20
14 + ◻ = 20
17 + ◻ = 20

b)
12 + ◻ = 18
13 + ◻ = 18
15 + ◻ = 18
17 + ◻ = 18

c)
21 + ◻ = 30
22 + ◻ = 30
23 + ◻ = 30
24 + ◻ = 30

d)
22 + ◻ = 28
24 + ◻ = 28
26 + ◻ = 28
28 + ◻ = 28

2

a)
78 + ◻ = 80
68 + ◻ = 70
54 + ◻ = 60
74 + ◻ = 80

b)
34 + ◻ = 40
44 + ◻ = 50
46 + ◻ = 50
86 + ◻ = 90

c)
71 + ◻ = 80
41 + ◻ = 50
45 + ◻ = 50
75 + ◻ = 80

d)
◻ + ◻ = 70
◻ + ◻ = 30
◻ + ◻ = 50
◻ + ◻ = 100

3 Ergänze zum nächsten Zehner.

a) 68 b) 65 c) 61 d) 41 e) 45 f) 42

g) 53 h) 73 i) 23 j) 34 k) 87 l) 93

4

a)
23 + ◻ = 27
43 + ◻ = 47
36 + ◻ = 39
56 + ◻ = 59

b)
73 + ◻ = 79
93 + ◻ = 99
54 + ◻ = 58
74 + ◻ = 78

c)
61 + ◻ = 67
91 + ◻ = 97
52 + ◻ = 58
82 + ◻ = 88

d)
◻ + ◻ = 39
◻ + ◻ = 79
◻ + ◻ = 16
◻ + ◻ = 66

5

a)
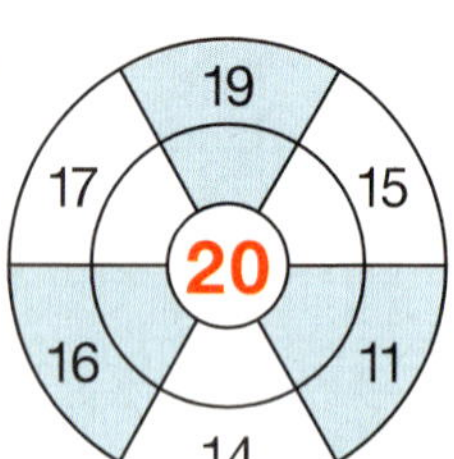

b)
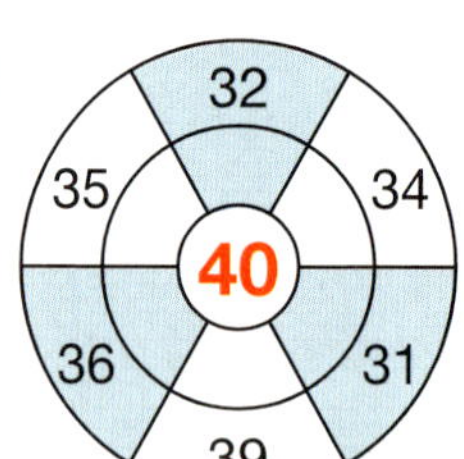

c)
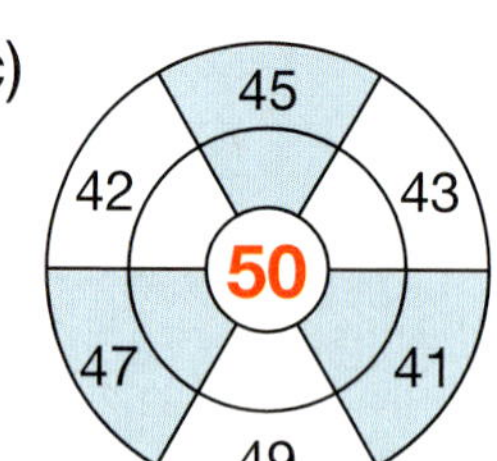

d)
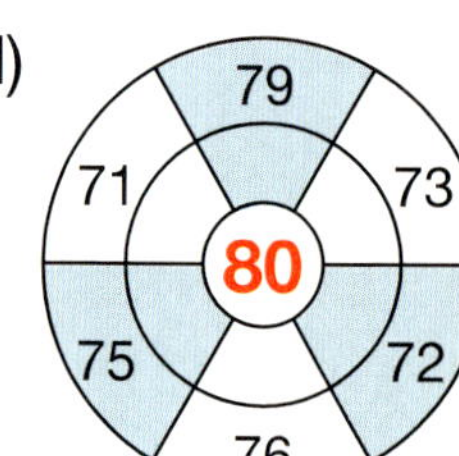

e)
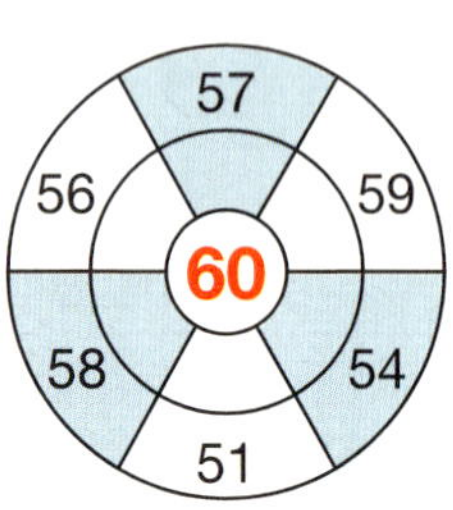

f)
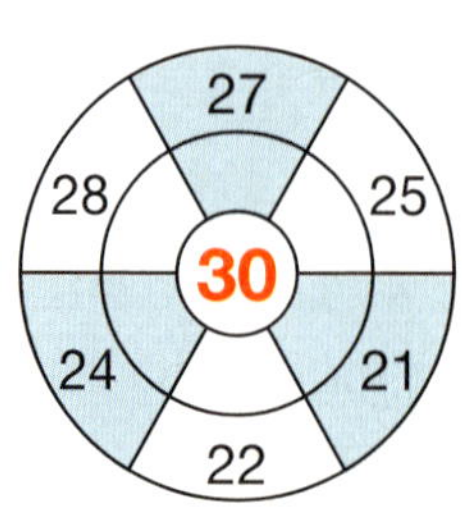

g)
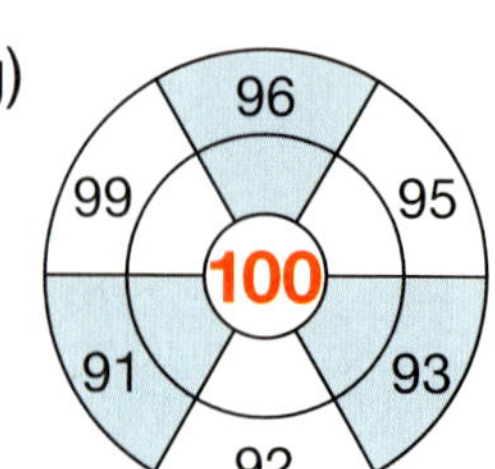

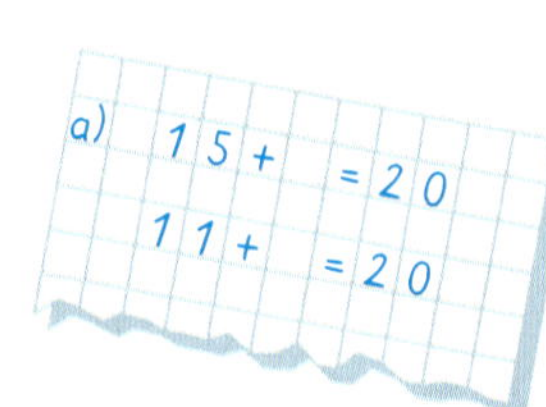

6 Ali hat 24 Stäbe. Er legt Muster.

a) Wie viele Vierecke kann er legen?

b) Wie viele Dreiecke kann er legen?

c) Wie viele Sterne kann er legen?

1 Erzählen und Ergänzen zum nächsten Zehner besprechen.
2 d) und **4** d) Offene Aufgaben. **5** Evtl. Kopiervorlage nutzen. **6** Knobelaufgabe.

Subtrahieren

1

a) 10 – 3 = ▢
20 – 3 = ▢
30 – 3 = ▢
40 – 3 = ▢

b) 50 – 1 = ▢
50 – 2 = ▢
50 – 3 = ▢
50 – 4 = ▢

c) 50 – 5 = ▢
60 – 5 = ▢
80 – 5 = ▢
90 – 5 = ▢

d) 60 – 9 = ▢
60 – 8 = ▢
60 – 7 = ▢
60 – 6 = ▢

2 Lege und zeichne.

a) 20 – 4 = ▢
30 – 4 = ▢
50 – 4 = ▢

60 – 5 = ▢
70 – 5 = ▢
90 – 5 = ▢

b) 70 – 3 = ▢
90 – 4 = ▢
70 – 5 = ▢

50 – 6 = ▢
70 – 7 = ▢
90 – 8 = ▢

c) 90 – 2 = ▢
80 – 3 = ▢
40 – 4 = ▢

30 – 2 = ▢
40 – 6 = ▢
70 – 9 = ▢

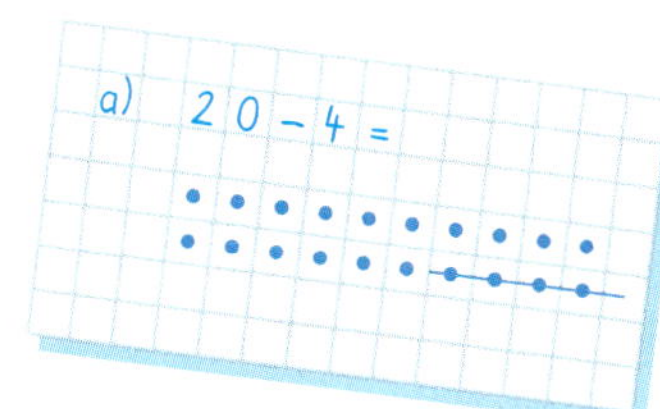

3 a)

b)

4

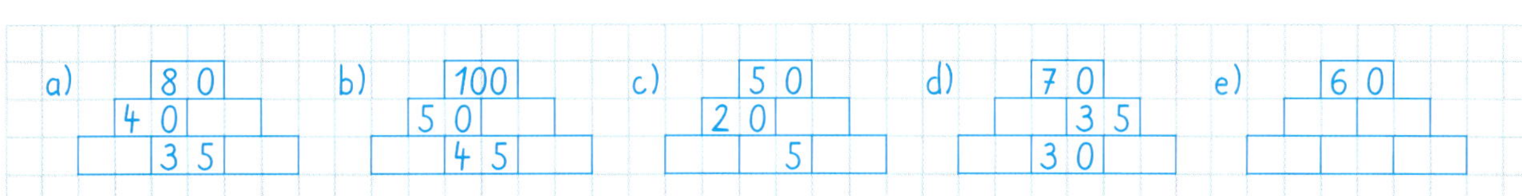

5

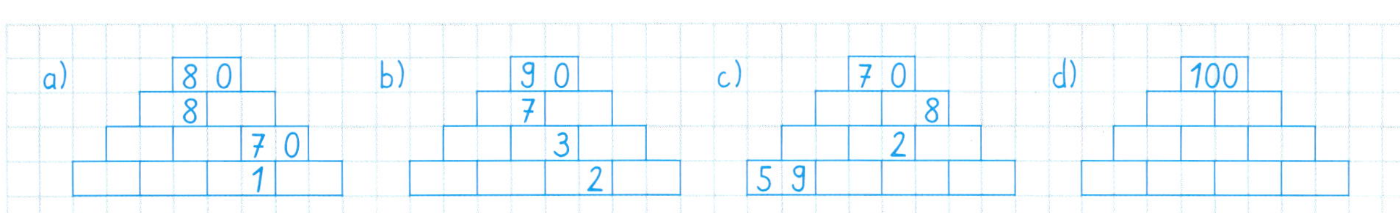

6 Wie viel passt noch ins Regal?

a)

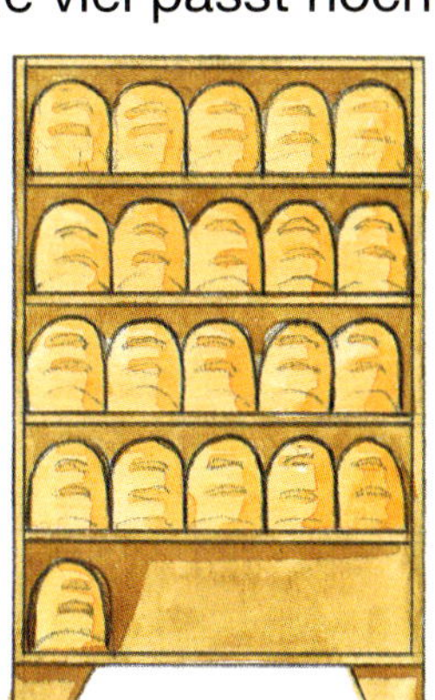

b)

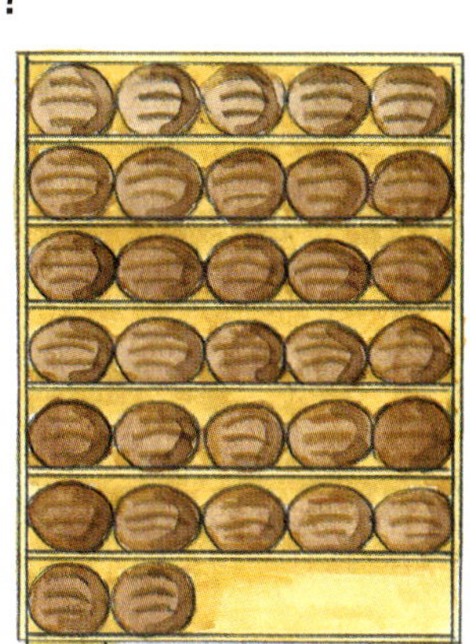

c)

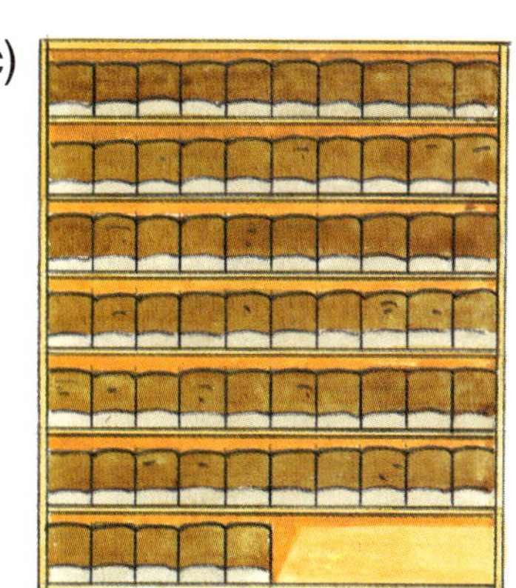

1 Erzählen und subtrahieren.
4 An Zahlenmauern ergänzen oder subtrahieren oder addieren. **4** e) und **5** d) Offene Aufgaben. Mehrere Lösungen.

Gefahr im Straßenverkehr!
Bei trübem Wetter sind Radfahrer schwer zu sehen.
Darauf hat gestern Polizeidirektorin Schmitz

❶ Stellt eure Ausrüstung für mehr Sicherheit zusammen.

Was kostet sie?
Erkundet dazu die Preise.

❷ Nina hat zum Geburtstag 70 € bekommen. Ihre Mutter gibt ihr noch 20 € dazu.
Nina möchte verkehrssichere Kleidung und Ausrüstung kaufen.

❸ a) Du hast 20 € und bekommst 10 € dazu.
Reicht dein Geld für den Rucksack?
b) Jan hat 21 €. Seine Oma schenkt ihm 8 €.
Kann er den gelben Umhang kaufen?
c) Olga bekommt 4 € zu ihren 26 € dazu.
Hat sie nun genug Geld für einen Helm?

So rechnen Britta und Ersin.

Britta
a) 10 20
Das Geld reicht für

Ersin
a) 20 € + 10 € =
Das Geld rei
für den Rucksa

Wie rechnest du?

❹ Kannst du mit wenig Scheinen bezahlen?

a) 50,00 € Lege 3 Scheine.
b) 100,00 € Lege 2 Scheine.
c) 60,00 € Lege 2 Scheine.
d) 90,00 € Lege 3 Scheine.
e) 70,00 € Lege 3 Scheine.

W ❺

a)	b)	c)	d)
80 + 20 =	70 + 9 =	56 + 3 =	86 + 3 =
80 − 20 =	70 − 9 =	56 − 3 =	86 − 3 =
50 + 30 =	60 + 7 =	75 + 4 =	45 + 3 =
50 − 30 =	60 − 7 =	75 − 4 =	45 − 3 =

❻ Vermute vorher, wie oft es geht.

a) Ziehe von 100 immer wieder 20 ab.
b) Ziehe von 90 immer wieder 30 ab.
c) Ziehe von 70 immer wieder 20 ab.
d) Ziehe von 100 immer wieder 30 ab.
e) Ziehe von 60 immer wieder 20 ab.
f) Ziehe von 80 immer wieder 20 ab.

❶ Verschiedene Einkaufsmöglichkeiten und Preise erkunden. Kosten der notwendigen Ausrüstung addieren.
❷ und ❸ Verschiedene Lösungsmöglichkeiten vergleichen. ❹ Gleichungen schreiben.

Ungleichungen

1 a) 27 + □ = 30   b) 16 + □ = 20   c) 48 + □ = 50   d) 40 – □ = 35   e) 90 – □ = 87   f) 60 – □ = 59

2 a) 27 + □ < 30   b) 16 + □ < 20   c) 48 + □ < 50   d) 40 – □ > 35   e) 90 – □ > 87   f) 60 – □ > 59

Was ist anders als bei Aufgabe 1 ?

3 Setze alle passenden Zahlen ein. Schreibe Ungleichungen.

a) 24 – □ > 21   b) 70 – □ > 66   c) 52 – □ > 47   d) 58 + □ > 52   e) 92 + □ > 90   f) 40 + □ > 36   g) 39 – □ > 33   h) 44 – □ > 40   i) 67 – □ > 69

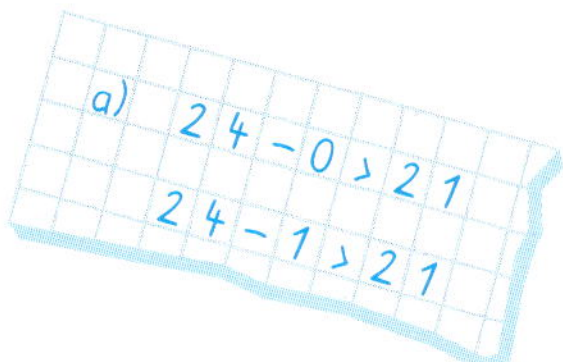

4 Welche Zahlen passen? Schreibe sie auf.

a) 72 + □ < 76   b) 20 + □ < 23   c) 39 + □ < 40   d) 24 + □ < 30   e) 36 + □ < 40   f) 68 + □ < 69   g) 75 + □ < 80   h) 33 + □ < 39   i) 70 + □ < 75

Viele Lösungen !

5 Welche Zahlen auf den Schildern passen? Schreibe alle Lösungen auf.

a) 70 + □ > 75   b) 44 + □ > 50   c) 60 + □ > 61   d) 52 + □ > 58   e) 76 + □ > 80   f) 98 + □ > 100   g) 83 + □ > 84   h) 31 + □ > 35   i) 80 + □ > 83

6 Welche Zahlen kannst du einsetzen?

a) 16 – □ < 10   b) 35 – □ < 30   c) 60 – □ < 53   d) 23 – □ < 21   e) 85 – □ < 80   f) 77 – □ < 72   g) 70 – □ < 64   h) 46 – □ < 42   i) 96 – □ < 90

W **7**

a)

+	4	3	5
50			
21			
32			
64			
71			
43			

b)

–	5	6	4
78			
46			
37			
89			
98			
67			

c)

–	4	2	
68			
	85		
44			41
	76		
		28	
			50

1 28 + 7

Wie rechnest du?

RECHENKONFERENZ

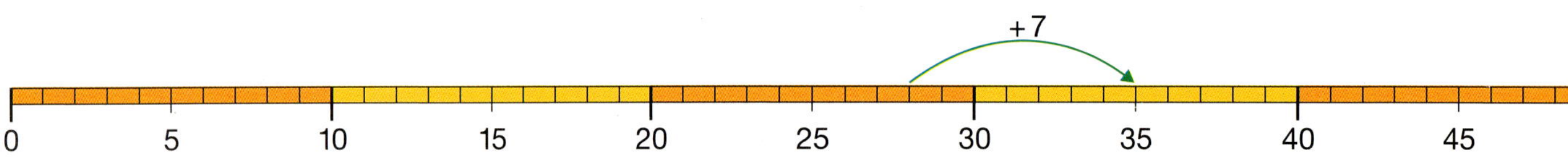

2

a)	b)	c)	d)
6 + 8 =	3 + 9 =	7 + 4 =	5 + 8 =
16 + 8 =	13 + 9 =	17 + 4 =	35 + 8 =
46 + 8 =	73 + 9 =	38 + 4 =	56 + 9 =
36 + 8 =	74 + 9 =	68 + 4 =	67 + 8 =
56 + 8 =	84 + 9 =	78 + 4 =	87 + 8 =
26 + 8 =	54 + 9 =	58 + 4 =	77 + 8 =

11 12 13 14 21 22 24 34 42 43 44 54 62 63 64 65 72 75 82 82 83 85 93 95

3

a)	b)	c)	d)
79 + 5 =	64 + 8 =	68 + 9 =	67 + 6 =
83 + 8 =	39 + 7 =	74 + 8 =	49 + 5 =
38 + 4 =	54 + 9 =	25 + 6 =	26 + 7 =
57 + 6 =	29 + 9 =	48 + 5 =	63 + 8 =
87 + 5 =	76 + 5 =	29 + 8 =	85 + 8 =
37 + 8 =	36 + 5 =	79 + 8 =	75 + 8 =

31 33 37 38 41 42 45 46 53 54 63 63 71 72 73 77 81 82 83 84 87 91 92 93

4 Jede Zahl steht für einen Buchstaben.

43	44	53	57	61	65	72	77	83	92
P	A	E	F	I	M	O	R	S	U

Wie heißen die Wörter?

38 + 5	69 + 8	65 + 7	49 + 8	57 + 4
77 + 6	86 + 6	35 + 8	45 + 8	70 + 7
48 + 9	47 + 6	53 + 8	48 + 5	68 + 9

58 + 7	38 + 6	87 + 5	75 + 8	
39 + 4	35 + 9	84 + 8	79 + 4	49 + 4
69 + 8	46 + 7	55 + 6	78 + 5	50 + 3

1 bis 3 Rechenwege vergleichen. 4 Lösungswörter finden.

1 67 – 9

Wie rechnest du?

Anna
67 – 7 – 2 =

Elias
67 – 7 = 60
60 – 2 =

Axel
67 – 10 = 57
57 + 1 =

RECHENKONFERENZ

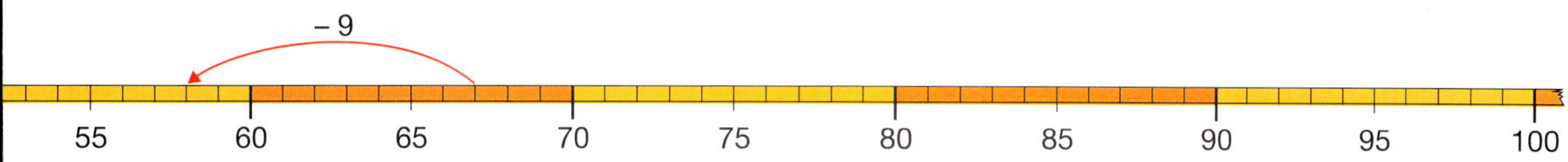

2

a)	b)	c)	d)
15 – 6 =	17 – 9 =	14 – 8 =	13 – 6 =
25 – 6 =	47 – 9 =	84 – 8 =	93 – 6 =
65 – 6 =	57 – 9 =	74 – 8 =	83 – 6 =
75 – 6 =	56 – 9 =	75 – 8 =	82 – 8 =
85 – 6 =	66 – 9 =	95 – 8 =	92 – 8 =
95 – 6 =	86 – 9 =	35 – 8 =	22 – 8 =

6 7 8 9 14 19 27 38 47 48 57 59 66 67 69 74 76 77 77 79 84 87 87 89

3

a) Start 65 – Immer 5 weg.

b) Start 50 – Immer 3 weg.

c) Start 74 – Immer 2 weg.

d) Start 95 – Immer 7 weg.

e) Start 80 – Immer 8 weg.

f) Start 100 – Immer 10 weg.

g) Start 34 – Immer 4 weg.

a) 65 – 5 = 60
60 – 5 =

4 Jede Zahl steht für einen Buchstaben.

27	29	36	38	45	57	59	64	68	77	79	83	86	88
S	T	A	U	C	D	E	F	G	H	I	L	N	R

Wie heißen die Wörter?

33 – 6 | 52 – 7 | 81 – 4 | 90 – 7 | 42 – 6 | 45 – 7

72 – 8 | 61 – 2 | 95 – 7 | 36 – 7 | 83 – 4 | 75 – 7

73 – 9 | 66 – 7 | 94 – 6 | 87 – 8 | 67 – 8 | 95 – 9

71 – 7 | 84 – 5 | 35 – 6

35 – 8 | 34 – 5 | 85 – 6 | 92 – 9 | 91 – 8

63 – 4 | 92 – 6 | 62 – 5 | 68 – 9

1 bis **3** Rechenwege vergleichen. **4** Diff.: Selbst Wörter in Geheimschrift schreiben.

Addieren

1 43 + 25

Wie rechnest du?

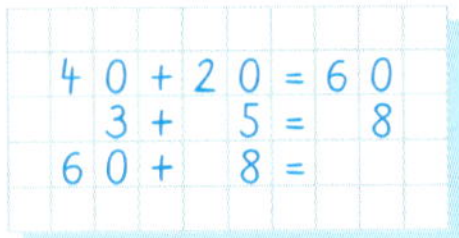

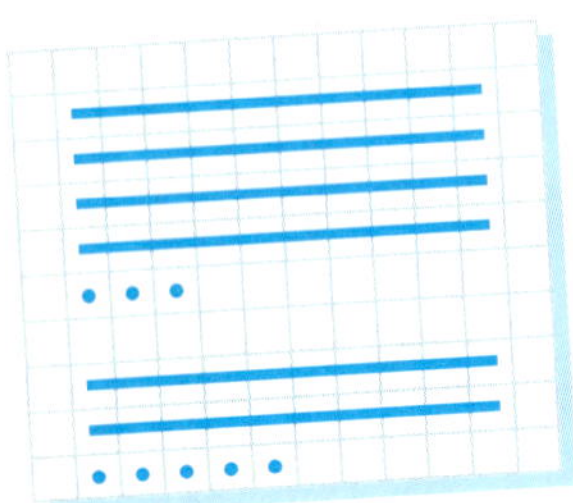

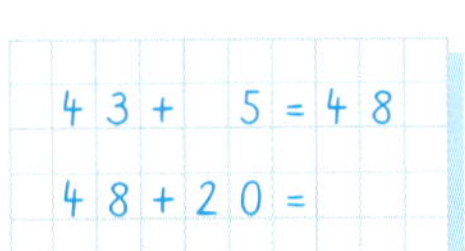

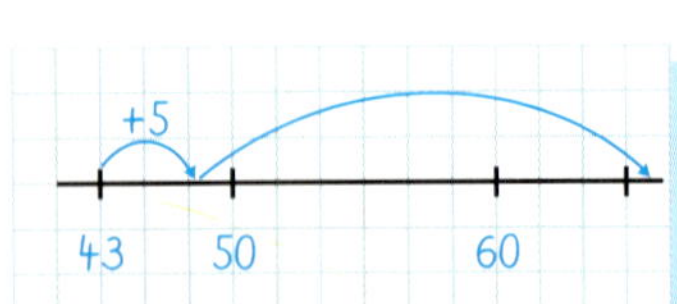

2 Rechne dazu Aufgaben.

a) 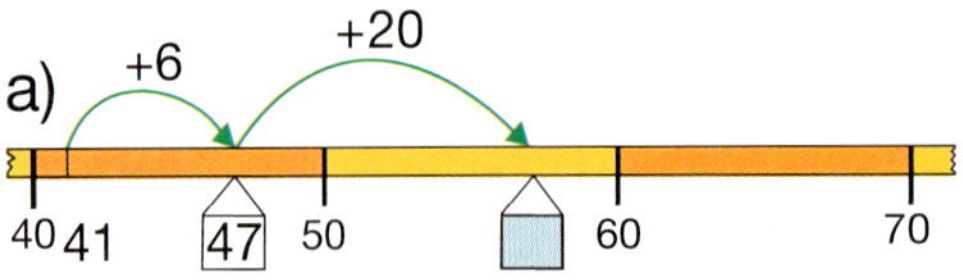

b) 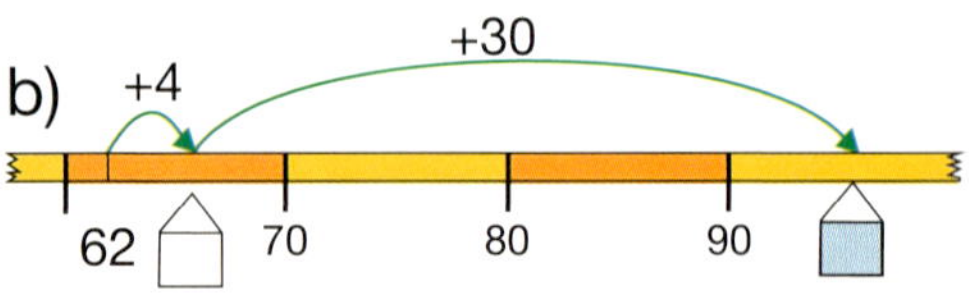

c) 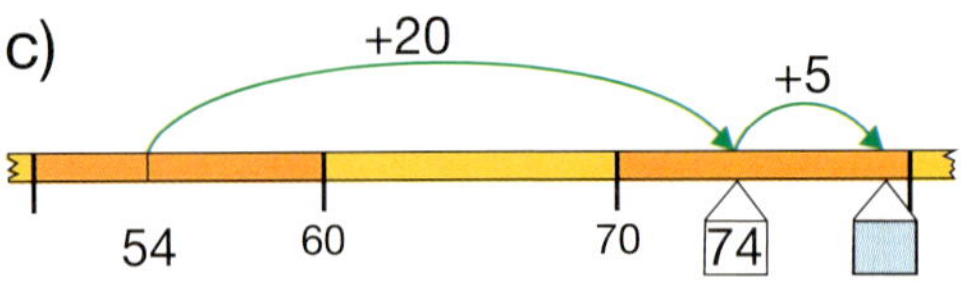

d) 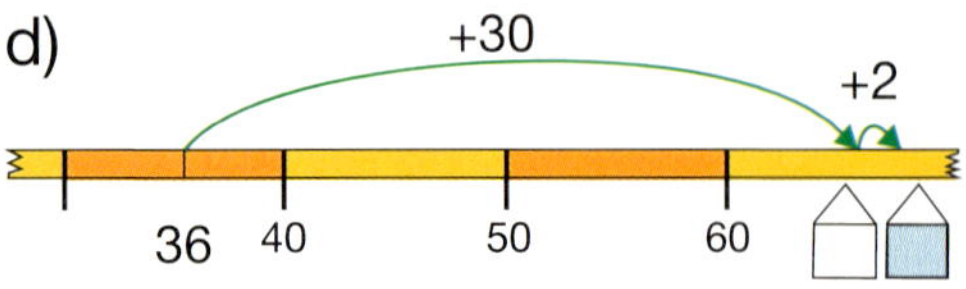

3

a)	b)	c)
16 + 3 =	14 + 5 =	12 + 6 =
16 + 23 =	14 + 35 =	22 + 26 =
16 + 33 =	14 + 55 =	32 + 26 =
16 + 53 =	14 + 75 =	52 + 26 =

4

a)	b)	c)
51 + 18 =	45 + 33 =	55 + 21 =
62 + 13 =	13 + 14 =	42 + 42 =
72 + 26 =	15 + 21 =	32 + 63 =
43 + 56 =	73 + 12 =	31 + 46 =
24 + 62 =	65 + 23 =	43 + 34 =

27 36 69 75 76 77 77 78 84 85 86 88 95 98 99

5

a) 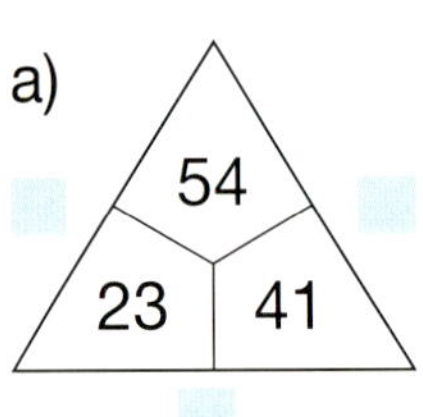

b) 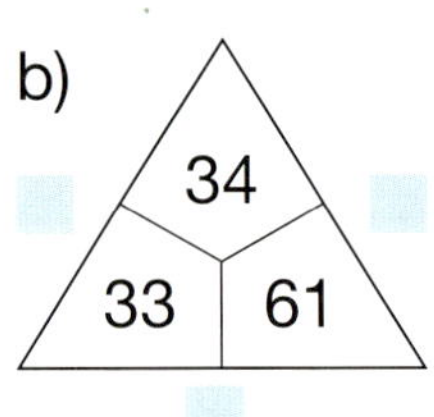

c) 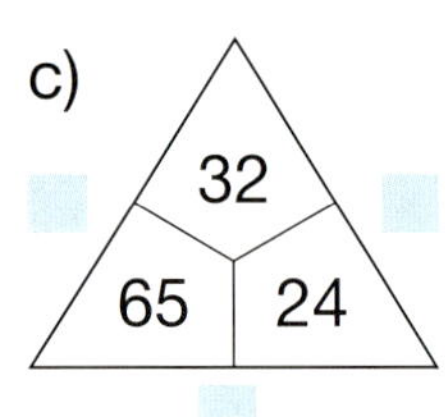

d) 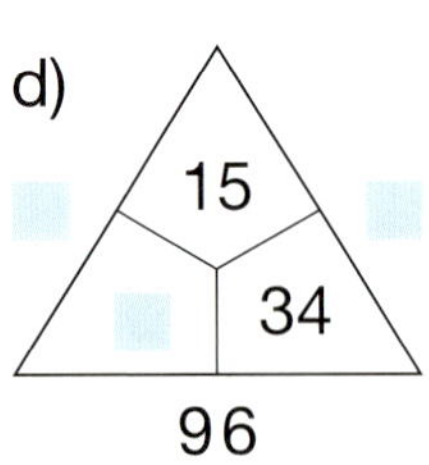

e) 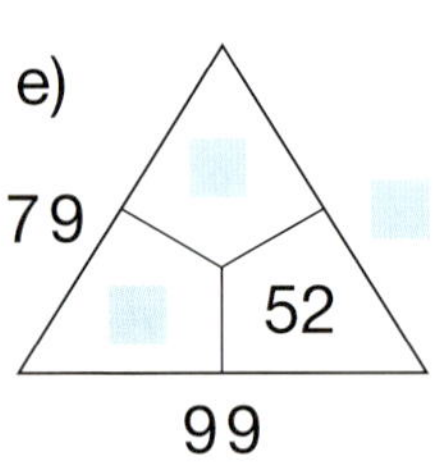

6

a) 

b) 

c) 

7 

32	36	44	45	45	48	49	53
56	57	58	60	64	65	66	69
72	76	77	77	84	85	88	96

1 Lösungswege besprechen. Auf Vor- und Nachteile eingehen.

1 57 – 23

57 – 3 = 54
54 – 20 =

50 – 20 = 30
7 – 3 = 4
30 + 4 =

57 – 20 – 3 =

57 – 20 = 37
37 – 3 =

2

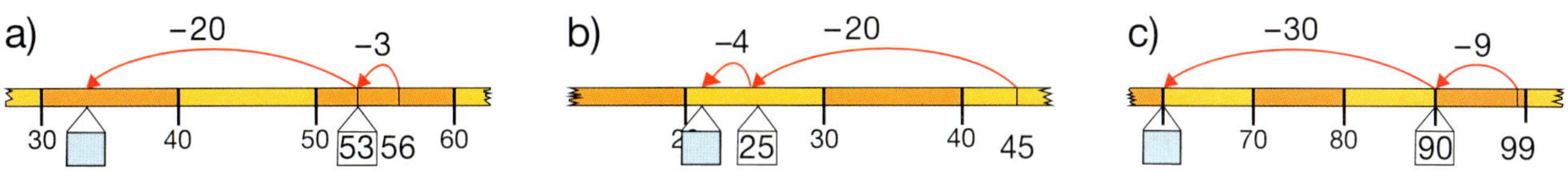

3

a) 25 – 4 =
35 – 14 =
55 – 14 =
65 – 14 =

b) 38 – 2 =
48 – 12 =
68 – 12 =
98 – 12 =

c) 67 – 5 =
67 – 25 =
67 – 45 =
67 – 55 =

d) 79 – 8 =
79 – 28 =
79 – 48 =
79 – 38 =

12 21 21 22 31 36 36 41 41 42 51 51 56 62 71 86

4

a) 85 – 34 =
79 – 45 =
69 – 23 =
97 – 41 =

b) 79 – 36 =
86 – 23 =
34 – 12 =
57 – 36 =

c) 84 – 42 =
93 – 31 =
74 – 13 =
99 – 33 =

d) 78 – 14 =
87 – 27 =
54 – 43 =
58 – 38 =

11 20 21 22 34 42 43 46 51 56 60 61 62 63 64 66

5

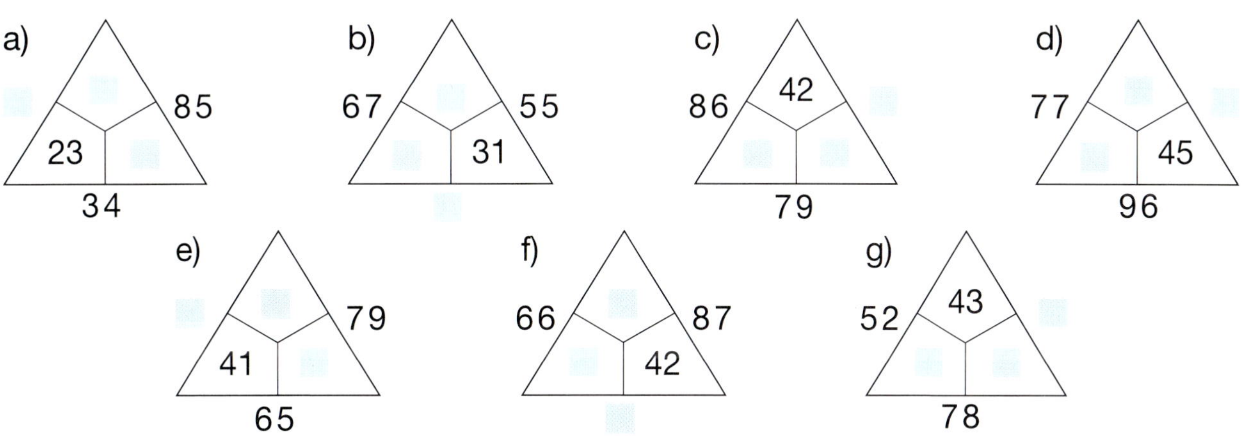

6 a)

b)

c)

7

2	14	15	21	23	25	27	30
33	36	38	42	42	44	46	51
53	56	59	65	69	74	75	84

1 Auf Vor- und Nachteile besprechen.

Verdoppeln und Halbieren

1

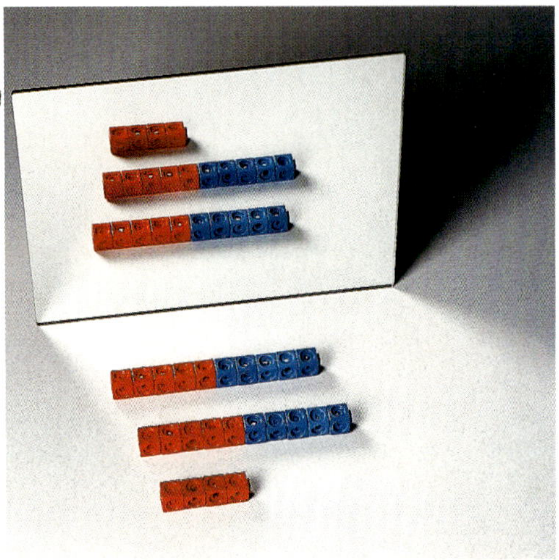

2

2 + 2 = ☐
3 + 3 = ☐
4 + 4 = ☐
5 + 5 = ☐
6 + 6 = ☐
7 + 7 = ☐
8 + 8 = ☐
9 + 9 = ☐
10 + 10 = ☐
11 + ☐ = ☐
☐ + ☐ = ☐

3 Verdopple.

a) 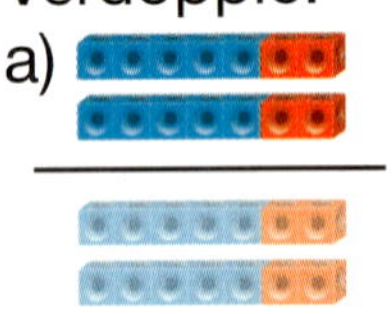

14 + 14 = ☐

b) 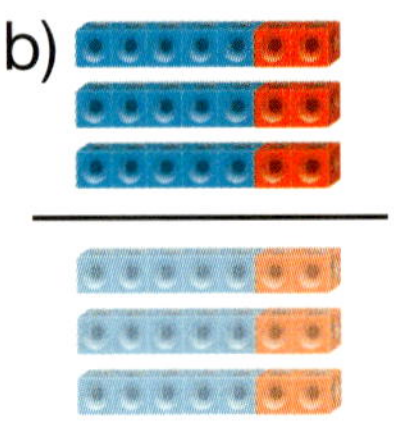

☐ + ☐ = ☐

c) 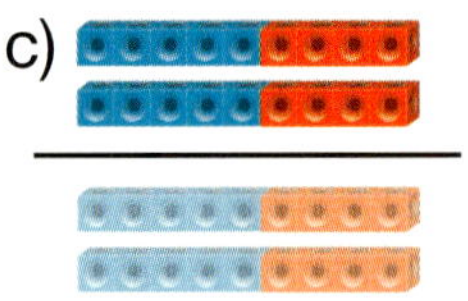

☐ + ☐ = ☐

d) 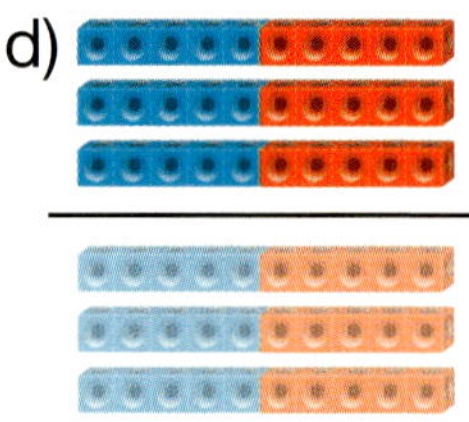

☐ + ☐ = ☐

4 Lege und verdopple.

a)

20	24	40	15	30	32	35
40						

b)

27	45	42	48	36	18	28

5

a) 15 + 15 = ☐
25 + 25 = ☐
35 + 35 = ☐

b) 24 + 24 = ☐
50 + 50 = ☐
42 + 42 = ☐

c) 21 + 21 = ☐
27 + 27 = ☐
28 + 28 = ☐

d) 49 + 49 = ☐
48 + 48 = ☐
36 + 36 = ☐

6 Halbiere die Zehnerzahlen. Was stellst du fest?

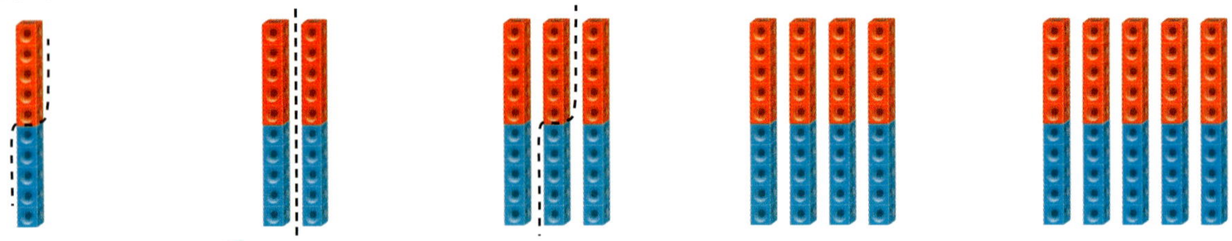

a) 10 = ☐ + ☐
b) 20 = ☐ + ☐
c) 30 = ☐ + ☐
d) 40 = ☐ + ☐
e) 50 = ☐ + ☐
f) 60 = ☐ + ☐
g) 70 = ☐ + ☐
h) 80 = ☐ + ☐
i) 90 = ☐ + ☐
j) 100 = ☐ + ☐

7 Halbiere immer wieder. Wie oft kannst du es?

a) 80 b) 100 c) 60 d) 40 e) 20

a) 80 = 40 + 40
40 = 20 + 20
20 =

1 Diff.: Fortsetzen. 2 und 7 Mit Spiegel und Steckwürfel verdoppeln und halbieren.

Verdoppeln und Halbieren

1 Verdopple.

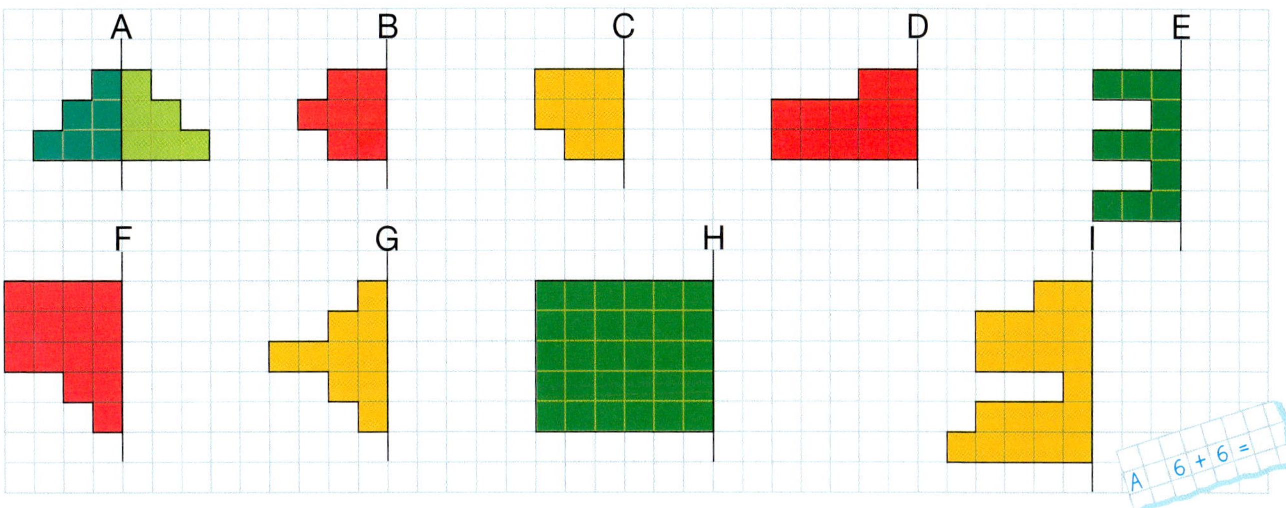

2 Halbiere.

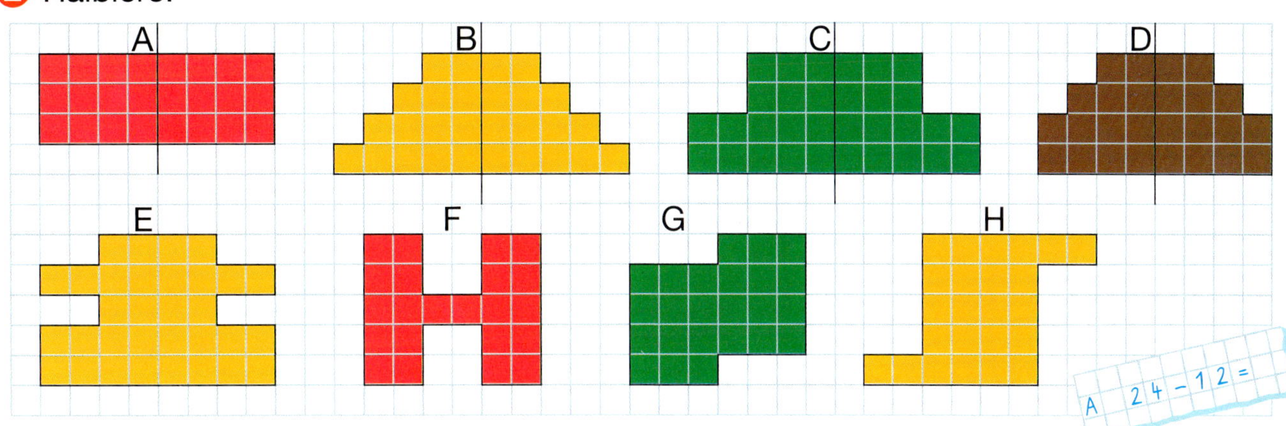

3

a)
6 + 6 =
8 + 8 =
10 + 10 =
12 + 12 =

b)
14 + 14 =
16 + 16 =
18 + 18 =
20 + 20 =

c)
24 + 24 =
27 + 27 =
28 + 28 =
32 + 32 =

d)
45 + 45 =
49 + 49 =
42 + 42 =
48 + 48 =

4

Halbiere.

a)
12 = 6 +
14 = 7 +
16 = +
18 = +

b)
20 = +
22 = +
24 = +
26 = +

c)
28 = +
30 = +
60 = +
64 = +

d)
70 = +
76 = +
84 = +
88 = +

5 a) b) c)

1 Figuren abzeichnen und verdoppeln. Plusaufgaben.
2 Figuren abzeichnen und halbieren. Minusaufgaben. 5 Zerlegemauern.

Gartencenter – Umkehraufgaben

Erzählen und rechnen.

1

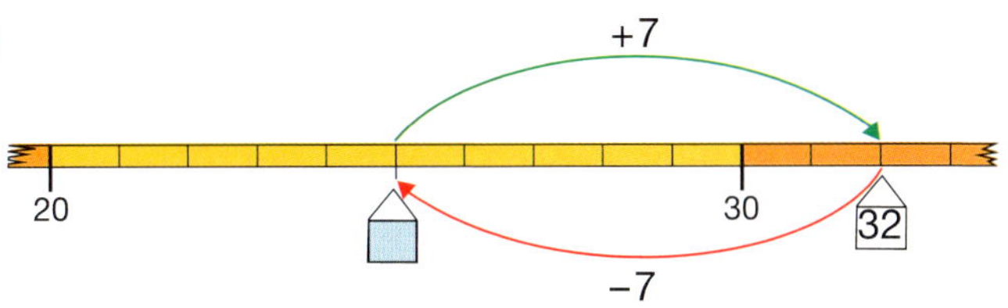

Umkehraufgaben: 32 − 7 = ☐
☐ + 7 = 32

2 a) 52 ⇄ (+6 / −6) ☐ b) 78 ⇄ (+9 / −9) ☐ c) 24 ⇄ (+8 / −8) ☐ d) 91 ⇄ (+3 / −3) ☐ e) 44 ⇄ (+5 / −5) ☐

3 a) ☐ ⇄ (+3 / −3) 51 b) ☐ ⇄ (+7 / −7) 83 c) ☐ ⇄ (+5 / −5) 69 d) ☐ ⇄ (+8 / −8) 33 e) ☐ ⇄ (+6 / −6) 55

4 Rechne zur Probe die Umkehraufgabe.

a)	b)	c)
53 − 7 = ☐	36 − 7 = ☐	24 − 5 = ☐
35 − 9 = ☐	91 − 5 = ☐	63 − 6 = ☐
82 − 4 = ☐	24 − 6 = ☐	23 − 6 = ☐
74 − 6 = ☐	45 − 8 = ☐	75 − 9 = ☐

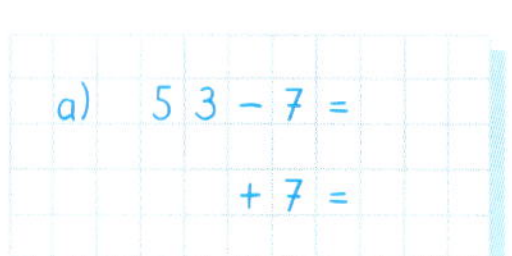

5

a)	b)	c)
38 − 12 = ☐	79 − 35 = ☐	97 − 43 = ☐
48 − 12 = ☐	69 − 25 = ☐	67 − 44 = ☐
68 − 12 = ☐	59 − 15 = ☐	57 − 45 = ☐
78 − 12 = ☐	49 − 15 = ☐	47 − 46 = ☐
98 − 12 = ☐	29 − 15 = ☐	77 − 47 = ☐

6 Rechne zur Probe die Umkehraufgabe.

a)	b)	c)	d)
12 + 54 = ☐	55 + 24 = ☐	41 + 43 = ☐	65 + 15 = ☐
33 + 63 = ☐	36 + 42 = ☐	56 + 24 = ☐	43 + 57 = ☐
41 + 42 = ☐	62 + 34 = ☐	23 + 56 = ☐	74 + 26 = ☐
52 + 27 = ☐	24 + 53 = ☐	64 + 34 = ☐	84 + 16 = ☐
73 + 24 = ☐	45 + 33 = ☐	51 + 49 = ☐	39 + 21 = ☐

4, **5** und **6** Umkehraufgabe als Probe.

Formen und Figuren

❶

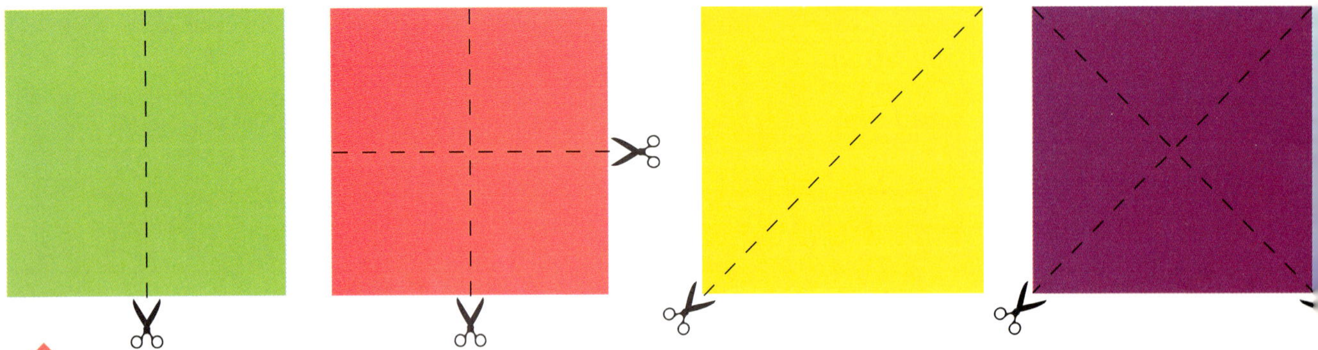

❷

❸

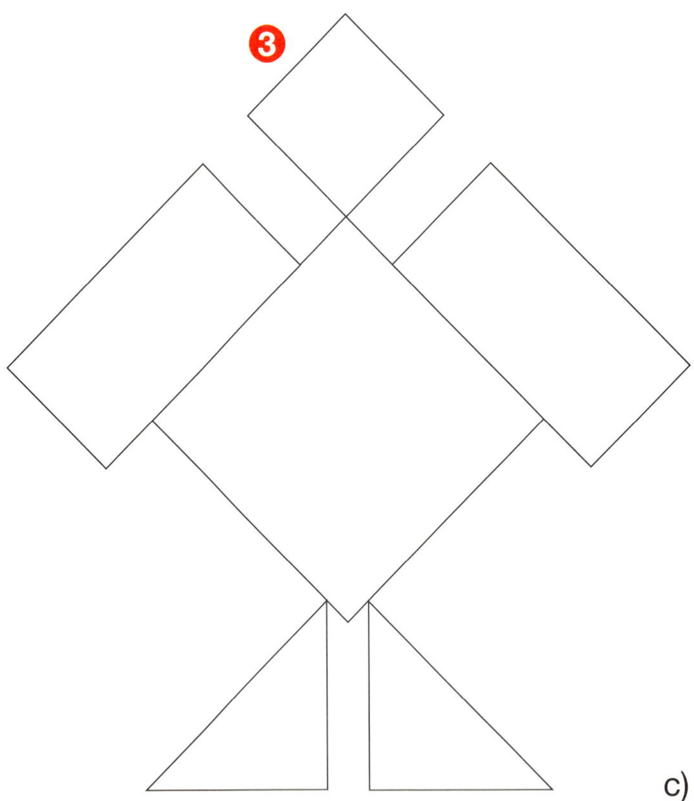

❹ a)

b)

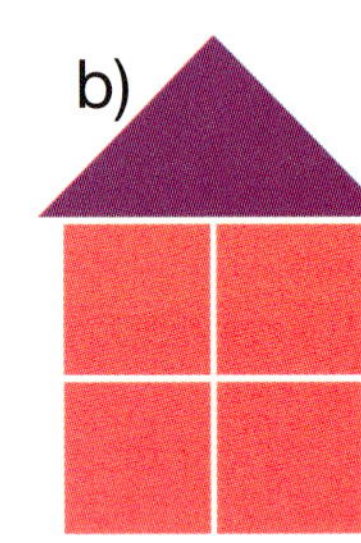

c)

❶ Farbige Quadrate in Vierecke und Dreiecke falten und schneiden.
❷ Muster beschreiben und nachlegen. ❸ Figuren auslegen. ❹ Figuren nachlegen.

5 a)

b)

c)

6

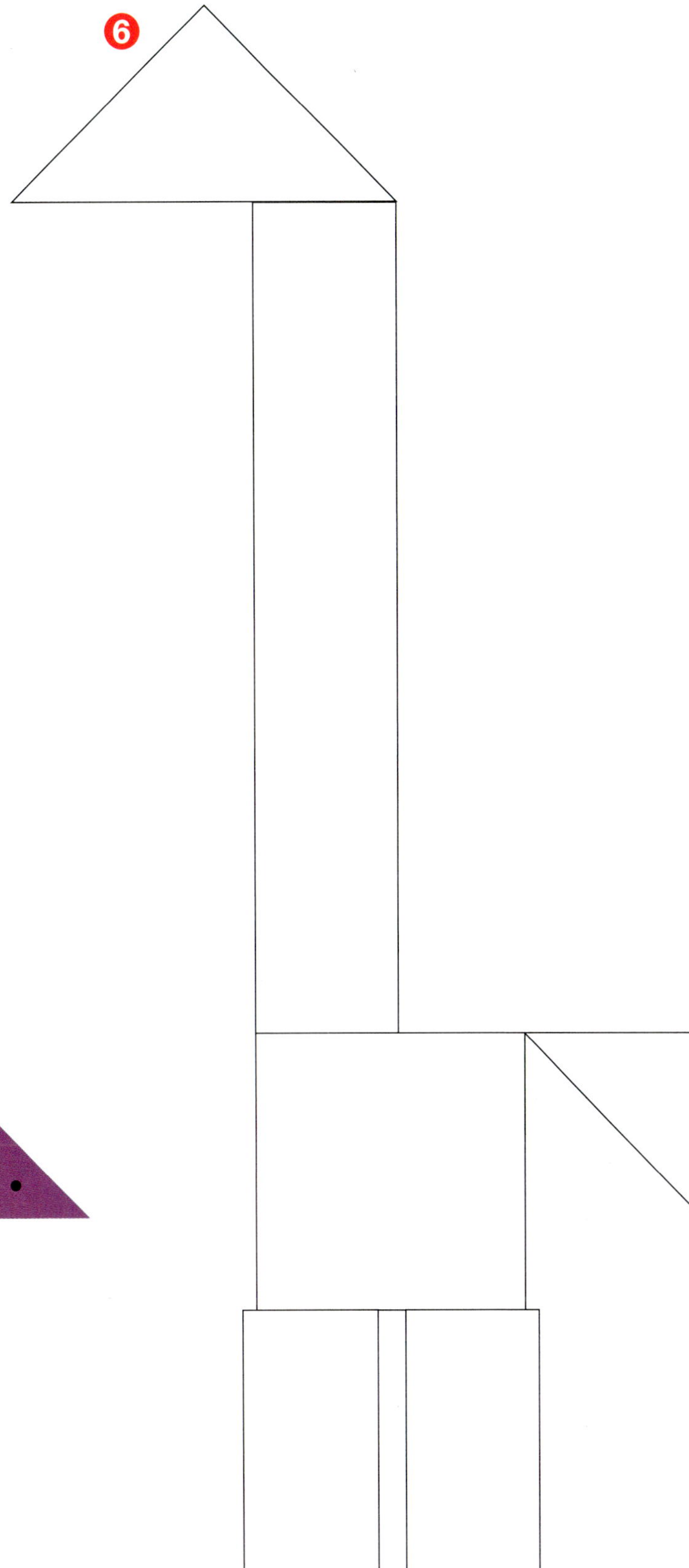

Diff.: Eigene Muster und Figuren erfinden.
5 Figuren nachlegen. **6** Figuren auslegen.

Kunst und Mathematik

W. Kandinski

Ines

Katharina

Juri

Leon

Gestaltet auch ein Bild mit geometrischen Formen.

Addieren gleicher Zahlen

1

+ + + =

2

8 +

3 Male eigene Aufgaben.

4

a) 5 + 5 + 5 + 5 =
3 + 3 + 3 =
4 + 4 + 4 + 4 =

b) 8 + 8 + 8 =
5 + 5 + 5 + 5 + 5 =
9 + 9 + 9 =

c) 2 + 2 + 2 + 2 =
5 + 5 + 5 =
6 + 6 + 6 + 6 =

d) 8 + 8 + 8 + 8 + 8 =
7 + 7 + 7 + 7 + 7 + 7 =
5 + 5 + 5 + 5 + 5 + 5 + 5 =

e) 4 + 4 + 4 + 4 + 4 + 4 + 4 + 4 + 4 =
9 + 9 + 9 + 9 + 9 + 9 + 9 + 9 + 9 =
8 + 8 + 8 + 8 + 8 + 8 + 8 + 8 + 8 =

Rechengeschichten erzählen. Plusaufgaben mit gleichen Summanden schreiben und rechnen. Evtl. schon multiplikativ interpretieren.

❶

Lampions

4 + ____

❷

❸ Das ist gleich.

a) 3 + 3 + 3 + 3 + 3 = ☐ · 3

b) 7 + 7 + 7 + 7 + 7 = ☐ · 7

c) 2 + 2 + 2 = ☐ · 2

d) 4 + 4 + 4 + 4 + 4 = ☐ · 4

e) 5 + 5 = ☐ · 5

f) 9 + 9 + 9 + 9 = ☐ · 9

g) 8 = ☐ · 8

h) 6 + 6 + 6 + 6 + 6 + 6 + 6 + 6 + 6 + 6 ☐ · 6

❶ und ❷ Handlungsablauf erzählen und Malaufgabe einführen.
❸ Gleichheit herstellen. Diff.: Ergebnisse bestimmen.

4

5 +

5

6 a)

4 + ☐ + ☐ = ☐

☐ · ☐ = ☐

b)

☐ + ☐ + ☐ + ☐ + ☐ + ☐ = ☐

☐ · ☐ = ☐

7

7 + 7 + 7 = ☐

☐ · 7 = ☐

4 + 4 + 4 + 4 = ☐

☐ · 4 = ☐

☐ + ☐ + ☐ + ☐ + ☐ = ☐

☐ · ☐ = ☐

8

a)	b)	c)	d)	e)
2 · 3 = ☐	3 · 6 = ☐	2 · 4 = ☐	2 · 5 = ☐	2 · 7 = ☐
3 · 3 = ☐	4 · 6 = ☐	3 · 4 = ☐	4 · 5 = ☐	2 · 8 = ☐
4 · 3 = ☐	5 · 6 = ☐	5 · 4 = ☐	5 · 5 = ☐	2 · 9 = ☐

5 und **6** Handlungsabläufe deuten. Plus- und Malaufgabe schreiben.
8 Am Steckbrett zeigen oder Material legen.

1

a) 3 + 3 + 3 + 3 + 3 + 3 + 3 = ☐

☐ · 3 = ☐

b)

c)

d)

e)

f)

g)

h)

i)

1 Rechengeschichten erzählen. Plus- und Malaufgaben schreiben.

2

3 Suche Beispiele für dein Malaufgabenbuch.
Zeichne und rechne.

4 Schreibe Plus- und Malaufgaben.

a) 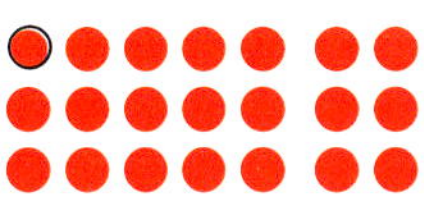

b) 

c) 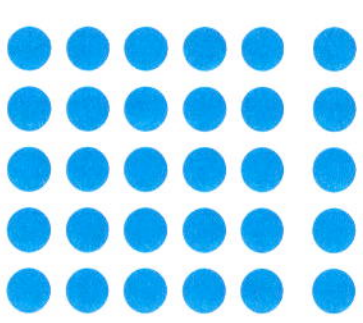

d) 

e) 

f) 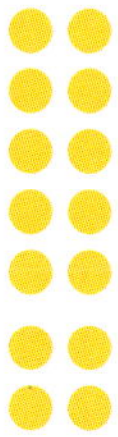

g) 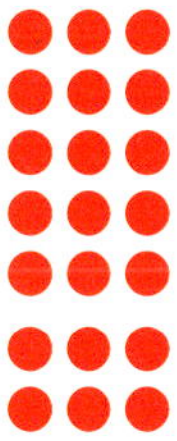

h) 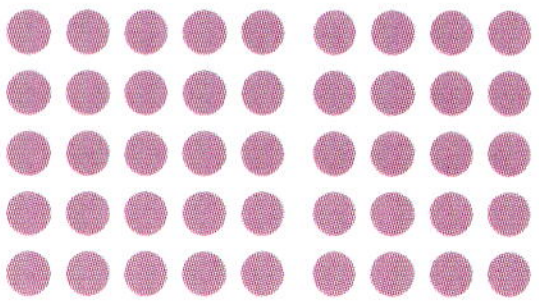

i) 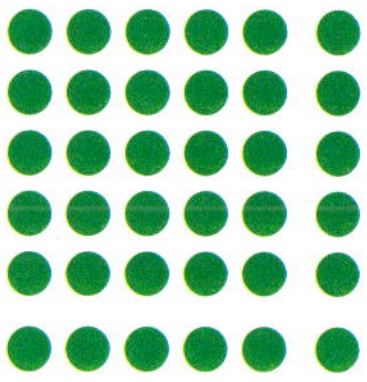

5 Zeichne und rechne.

a) 2 · 7 =	b) 3 · 5 =	c) 6 · 3 =	d) 6 · 4 =
e) 4 · 5 =	f) 3 · 6 =	g) 4 · 7 =	h) 3 · 8 =

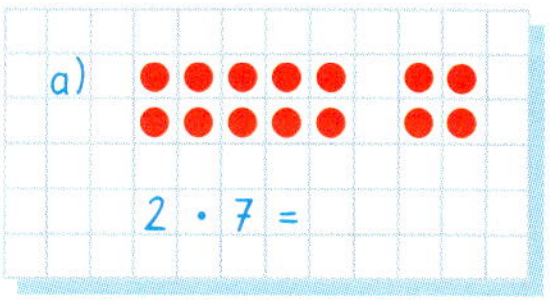

W 6

a) 20 – 5 =	b) 21 – 2 =	c) 72 – 3 =	d) 95 – 6 =	e) 32 – 7 =
30 – 6 =	31 – 3 =	62 – 4 =	85 – 7 =	43 – 7 =
40 – 7 =	41 – 4 =	52 – 5 =	75 – 8 =	54 – 7 =
50 – 9 =	54 – 5 =	43 – 6 =	66 – 6 =	65 – 7 =
60 – 8 =	64 – 6 =	33 – 7 =	56 – 7 =	76 – 7 =
70 – 7 =	74 – 7 =	23 – 8 =	46 – 8 =	87 – 7 =

3 Partnerarbeit: gemeinsam Beispiele in der Umgebung oder in Katalogen suchen.
Diff.: Malaufgabenbuch der Klasse gestalten.

Multiplizieren am Hunderterfeld

1

6 · 8

Wie rechnest du?

2 a)

7 · 9 = ☐

b)

☐ · ☐ = ☐

c)

☐ · ☐ = ☐

d)

☐ · ☐ = ☐

e)

☐ · ☐ = ☐

f)

☐ · ☐ = ☐

3 Zeige am Hunderterfeld und rechne.

a)	b)	c)	d)	e)
3 · 4 = ☐	2 · 5 = ☐	1 · 6 = ☐	2 · 8 = ☐	☐ · ☐ = ☐
4 · 4 = ☐	3 · 5 = ☐	2 · 6 = ☐	4 · 8 = ☐	☐ · ☐ = ☐
5 · 4 = ☐	4 · 5 = ☐	3 · 6 = ☐	6 · 8 = ☐	☐ · ☐ = ☐
6 · 4 = ☐	5 · 5 = ☐	4 · 6 = ☐	8 · 8 = ☐	☐ · ☐ = ☐

W **4** Verdopple.

a)	b)
10 + 10 = ☐	15 + 15 = ☐
12 + 12 = ☐	25 + 25 = ☐
14 + 14 = ☐	30 + 30 = ☐
16 + 16 = ☐	35 + 35 = ☐
18 + 18 = ☐	40 + 40 = ☐
20 + 20 = ☐	45 + 45 = ☐

5 Halbiere.

a)	b)
100 − 50 = ☐	40 − ☐ = ☐
80 − 40 = ☐	42 − ☐ = ☐
70 − ☐ = ☐	48 − ☐ = ☐
20 − ☐ = ☐	30 − ☐ = ☐
24 − ☐ = ☐	32 − ☐ = ☐
28 − ☐ = ☐	36 − ☐ = ☐

Lösungswege am Hunderterfeld erklären. **1** Abdeckwinkel verwenden. **3** e) Eigene Aufgaben wählen.

Tauschaufgaben

1

9 · 6

6 · 9

Tauschaufgaben

Beschreibe und rechne.

2 a)

__ · __ = __

__ · __ = __

b)

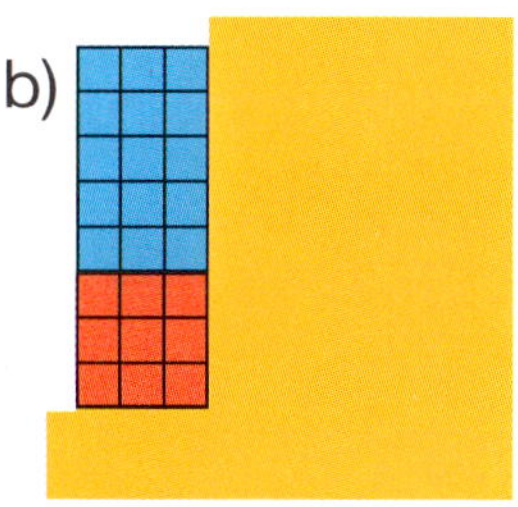

__ · __ = __

__ · __ = __

3 Rechne Aufgabe und Tauschaufgabe.

a)

__ · __ = __

b)

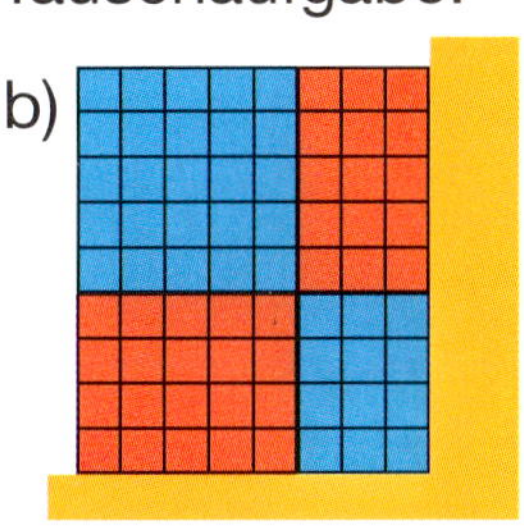

__ · __ = __

c)

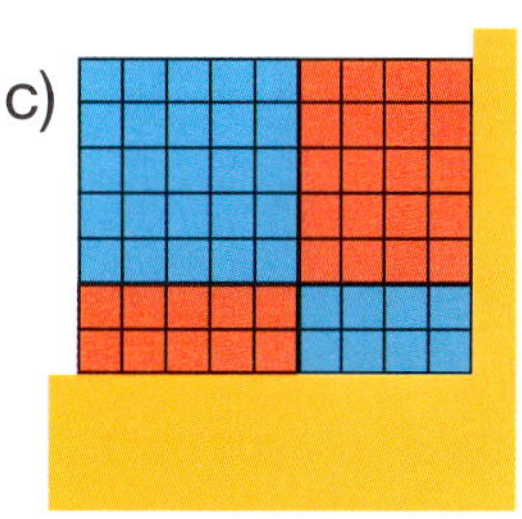

__ · __ = __

d)

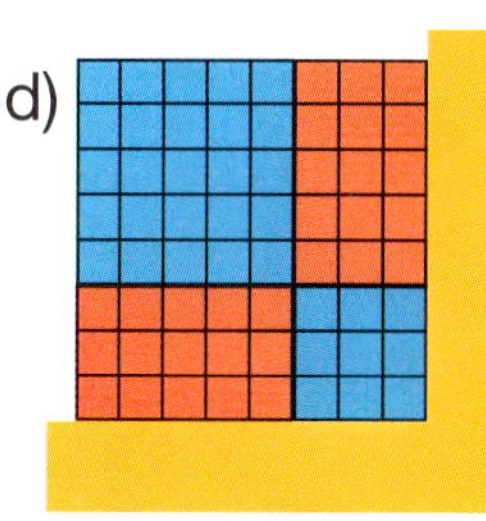

__ · __ = __

4

a) 2 · 5 = __ / 5 · 2 = __

b) 3 · 5 = __ / 5 · 3 = __

c) 6 · 2 = __ / 2 · 6 = __

d) 4 · 6 = __ / 6 · 4 = __

e) 4 · 3 = __ / 3 · 4 = __

f) 4 · 10 = __ / __ · __ = __

g) 5 · 10 = __ / __ · __ = __

h) 2 · 1 = __ / __ · __ = __

i) 5 · 4 = __ / __ · __ = __

j) 3 · 3 = __ / __ · __ = __

k) 7 · 2 = __ / __ · __ = __

l) 8 · 7 = __ / __ · __ = __

m) 4 · 5 = __ / __ · __ = __

n) 10 · 10 = __ / __ · __ = __

o) 10 · 1 = __ / __ · __ = __

5

1 bis **4** Tauschaufgaben am Hunderterfeld vergleichen. Zerlegungen besprechen.
3 d) und **4** j) und n) Besonderheiten bei den Quadraten entdecken. **5** Tauschaufgaben zu Gruppenbildungen rechnen.

Einmaleins mit 10

1

10 + __ + __ + __ + __ + __ + 10 = __

__ · 10 = __

2 Wie viele Zehen sind es? Schreibe immer die Plus-Aufgabe und die Mal-Aufgabe.

a) 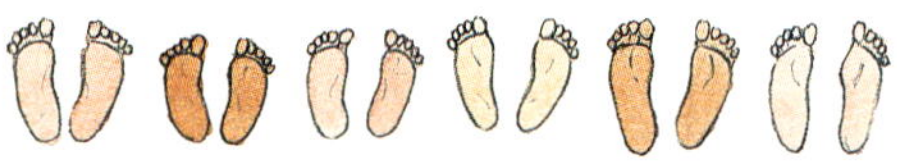

b) 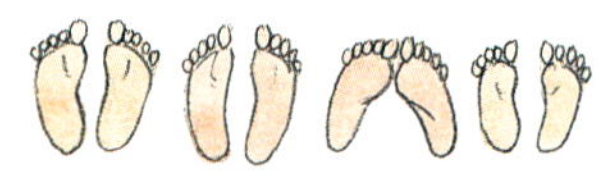

c) 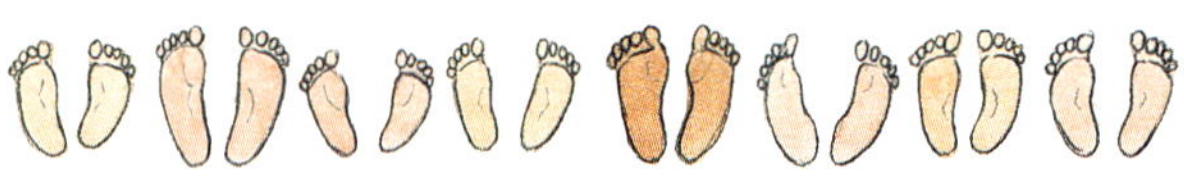

d) 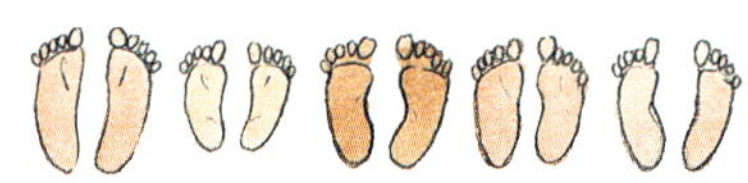

e) 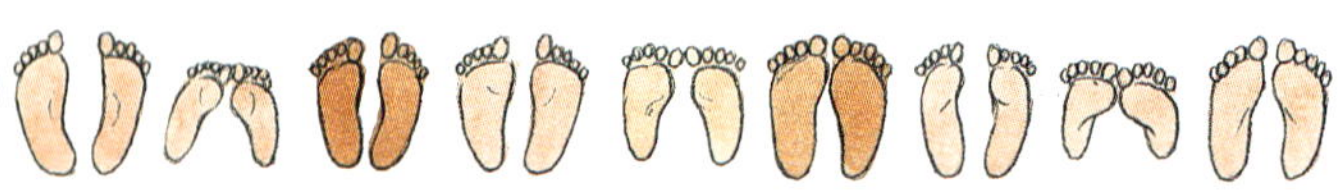

f) 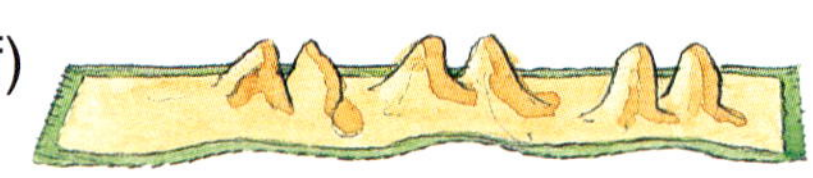

3 a) 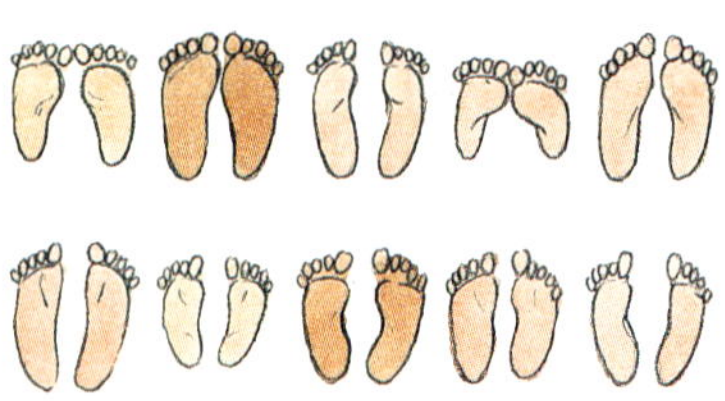

b) 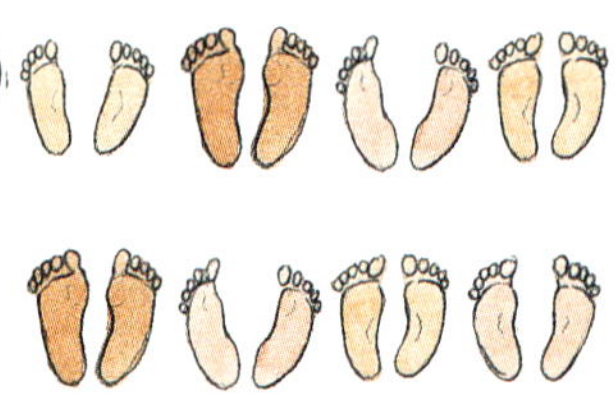

c) 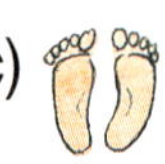

d) 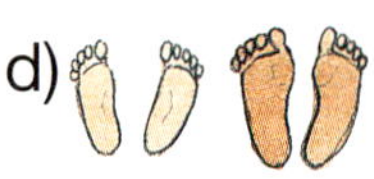

4 Lege Zehner. 

a) 1 · 10 = __
2 · 10 = __
3 · 10 = __

b) 5 · 10 = __
6 · 10 = __
4 · 10 = __

c) 10 · 10 = __
9 · 10 = __
8 · 10 = __

5 Wie oft?

a) 20 = __ · 10
40 = __ · 10
80 = __ · 10

b) 60 = __ · 10
90 = __ · 10
100 = __ · 10

c) 70 = __ · 10
30 = __ · 10
50 = __ · 10

6 Wie viele Kinder können mitgehen zum Schwimmen?

a) Für die Klasse 2b werden 3 Zehnerkarten gekauft.
b) Frau Rode kauft für ihre Klasse 4 Zehnerkarten.
c) Die Klasse 2a hat noch 6 Zehnerkarten übrig.
d) Die Karlschule verbraucht 9 Zehnerkarten.
e) Frau Schlüter nimmt 2 Zehnerkarten und Frau Ode 3 Zehnerkarten.

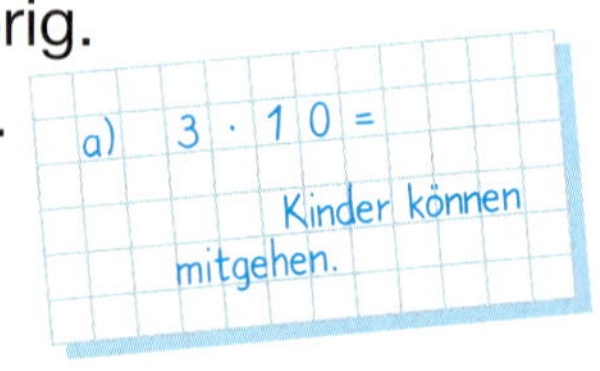

1 Zehnerreihe spielerisch aufbauen. **3** Mit Zehnerstangen weitere Aufgaben legen. Plus- und Mal-Aufgabe notieren.

Einmaleins mit 5

1

Erzähle und rechne.

2 Wie viele Finger sind es? Schreibe Aufgaben.

a) 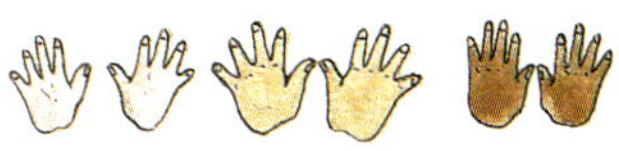

b) 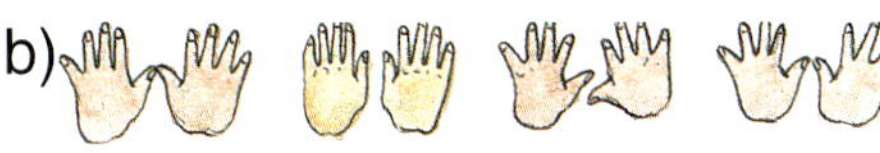

c) 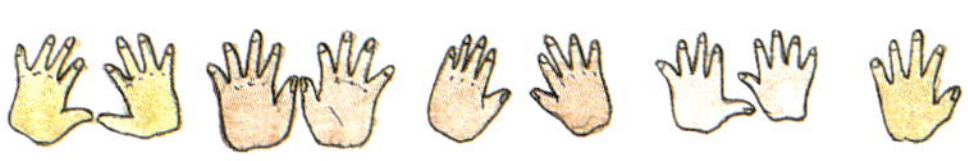

d) 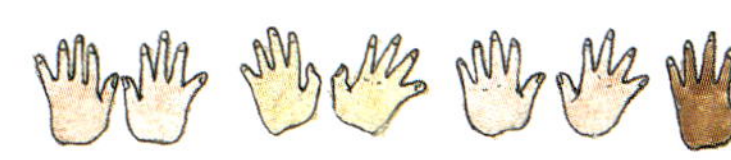

e) 

f) 

3 Wie viele Perlen sind es?

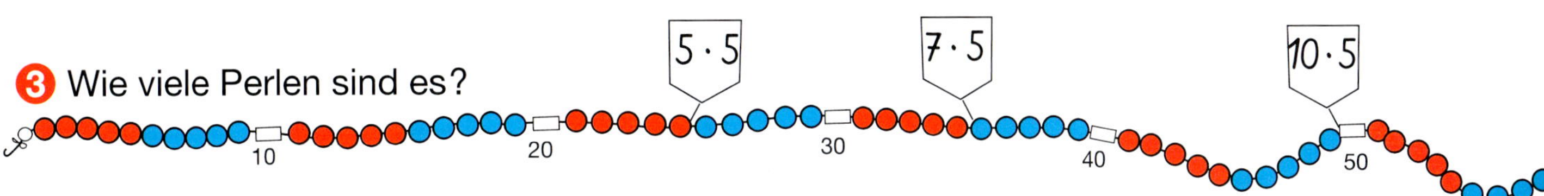

a) 2 · 5 = ☐ 3 · 5 = ☐

b) 10 · 5 = ☐ 9 · 5 = ☐

c) 8 · 5 = ☐ 7 · 5 = ☐

d) 4 · 5 = ☐ 5 · 5 = ☐

e) 1 · 5 = ☐ 6 · 5 = ☐

4 Wie oft? Prüfe an der Hunderterkette.

a) 10 = ☐ · 5 20 = ☐ · 5

b) 15 = ☐ · 5 30 = ☐ · 5

c) 40 = ☐ · 5 35 = ☐ · 5

d) 5 = ☐ · 5 25 = ☐ · 5

e) 50 = ☐ · 5 45 = ☐ · 5

5 Wie geht es weiter?

a) 5, 10, 15, …

b) 50, 45, 40, …

c) 10, 20, 30, …

d) 100, 90, 80, …

e) 100, 95, 90, …

6

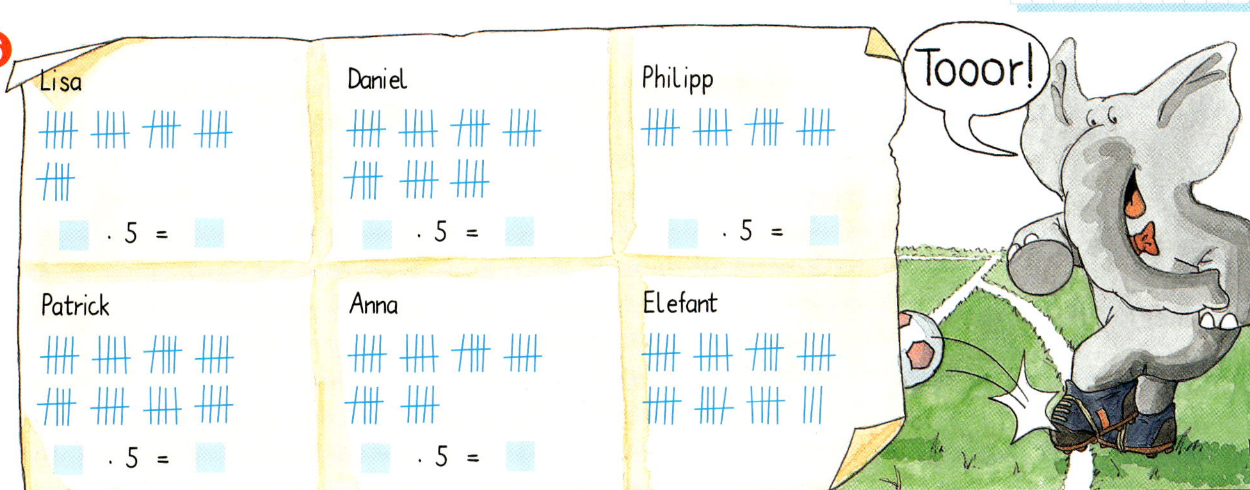

2 Plus- und Malaufgaben schreiben. **5** Vorwärts- und rückwärts zählen in Fünfer- und Zehnerschritten.
6 Strichliste auswerten. Feststellen, wer gewonnen hat. Elefant: Verbindung von Multiplikation und Addition.

Einmaleins mit 5 und mit 10 – Rechenstrategien

1

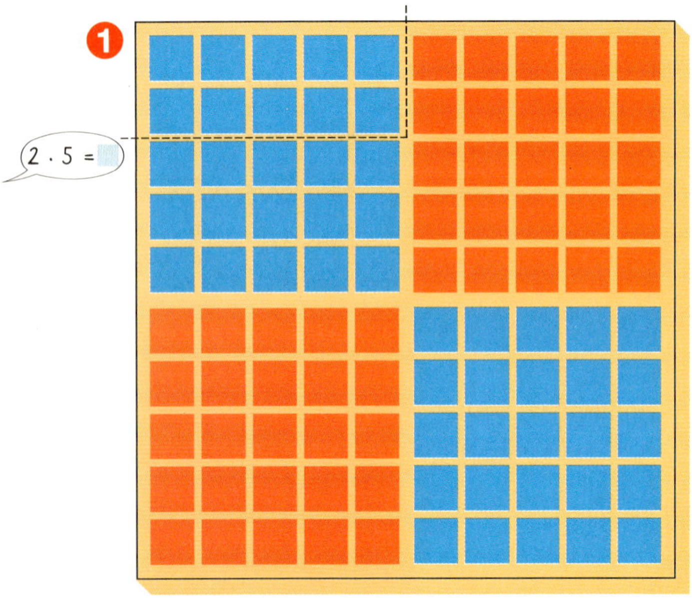

1 · 5 =	1 · 10 =
2 · 5 =	2 · 10 =
3 · 5 =	3 · 10 =
4 · 5 =	4 · 10 =
5 · 5 =	5 · 10 =
6 · 5 =	6 · 10 =
7 · 5 =	7 · 10 =
8 · 5 =	8 · 10 =
9 · 5 =	9 · 10 =
10 · 5 =	10 · 10 =

Decke ab und rechne.

2 a)

Verdopple.

b)

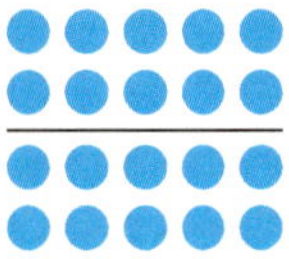

c)

d) Setze fort.

3 Von der leichten zur schweren Aufgabe. Finde Nachbaraufgaben.

2 · 5 = 3 · 5 =	10 · 5 = 9 · 5 =	6 · 5 = · 5 =	4 · 5 = · 5 =	9 · 5 = · 5 =	5 · 5 = · 5 =
2 · 10 = 3 · 10 =	10 · 10 = · 10 =	6 · 10 = · 10 =	· 10 = · 10 =	· 10 = · 10 =	· 10 = · 10 =

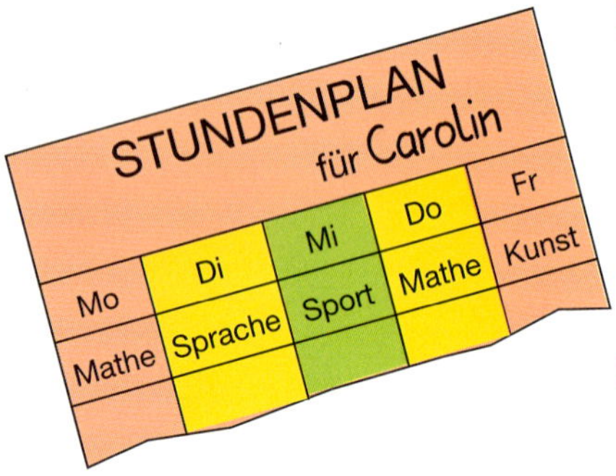

4 a) Wie viele Schultage hat eine Woche?
b) Wie viele Schultage haben vier Wochen?
c) Wie viele Schultage sind es bis zu den nächsten Ferien?
d) Schreibe eigene Aufgaben.

5 a) Carolin ging sechs Wochen lang jeden Tag in die Schule.
b) Ihr Bruder hat in drei Wochen zweimal gefehlt.

10 = 1 · 10
10 = 2 ·

6 Vergleiche am Zahlenstrahl. Schreibe zu jeder Zehnerzahl zwei Malaufgaben.

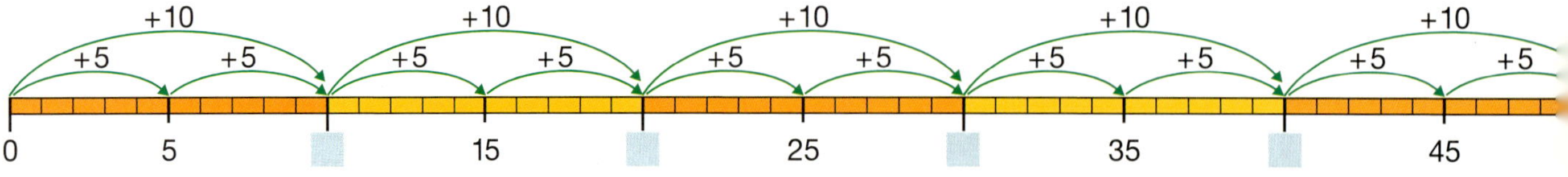

1 Abdeckwinkel verwenden. Zusammenhang zwischen Fünfer- und Zehnerreihe.
2, **3** und **5** Rechenstrategien. **6** Diff.: Fünferreihe bis 100 fortsetzen.

Einmaleins mit 5 und mit 10 – Rechnen mit Geld

1

Wie könnte Tim zahlen?

2 Wie viel Geld ist es? Vergleiche.

a)

b)

c)

d)

a) 2 · 10 ct =
4 · 5 ct =

3

a)	b)	c)	d)
3 · 5 ct = ☐ ct	2 · 5 ct = ☐ ct	5 · 5 ct = ☐ ct	10 · 5 ct = ☐ ct
3 · 10 ct = ☐ ct	2 · 10 ct = ☐ ct	5 · 10 ct = ☐ ct	10 · 10 ct = ☐ ct
6 · 5 ct = ☐ ct	4 · 5 ct = ☐ ct	8 · 5 ct = ☐ ct	9 · 5 ct = ☐ ct
6 · 10 ct = ☐ ct	4 · 10 ct = ☐ ct	8 · 10 ct = ☐ ct	9 · 10 ct = ☐ ct

4 a)

b)

c)

d)

e)

f)

g)

a) 4 · 10 ct + 5 ct =

5

a)	b)	c)
4 · 5 ct + 5 ct = ☐ ct	8 · 5 ct + 2 ct = ☐ ct	7 · 5 ct + 4 ct = ☐ ct
4 · 10 ct + 5 ct = ☐ ct	8 · 10 ct + 2 ct = ☐ ct	7 · 10 ct + 5 ct = ☐ ct
3 · 5 ct + 4 ct = ☐ ct	6 · 5 ct + 3 ct = ☐ ct	5 · 5 ct + 6 ct = ☐ ct
3 · 10 ct + 4 ct = ☐ ct	6 · 10 ct + 5 ct = ☐ ct	5 · 10 ct + 8 ct = ☐ ct

19 ct 25 ct 31 ct 33 ct 34 ct 39 ct 42 ct 45 ct 58 ct 65 ct 75 ct 82 ct

6 Du hast 5-€-Scheine und 10-€-Scheine.
Wie bezahlst du die CD-Rom?
a) Mathe Einmaleins b) Mathe 2 c) ABC-Trainer

a) 20 € = 4 ·
20 € = 2 ·

7 Jan hat 50 € gespart. Er möchte 2 CD-Roms kaufen.

Erfinde eigene Aufgaben.

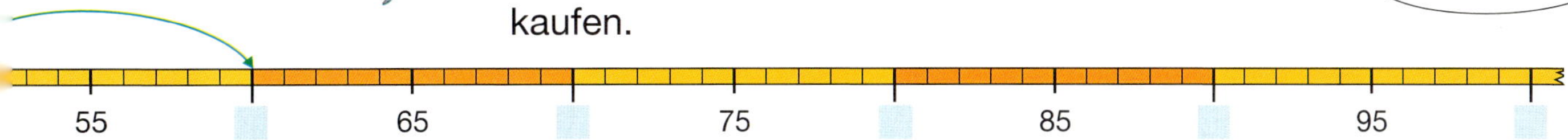

1 Mal- oder Plusaufgaben schreiben. **1** bis **5** Zusammenhang zwischen Fünferreihe und Zehnerreihe.
4 und **5** Verknüpfungen von Multiplikation und Addition.

Dividieren

1

Erzähle und rechne.

15 : 5 = 3
durch

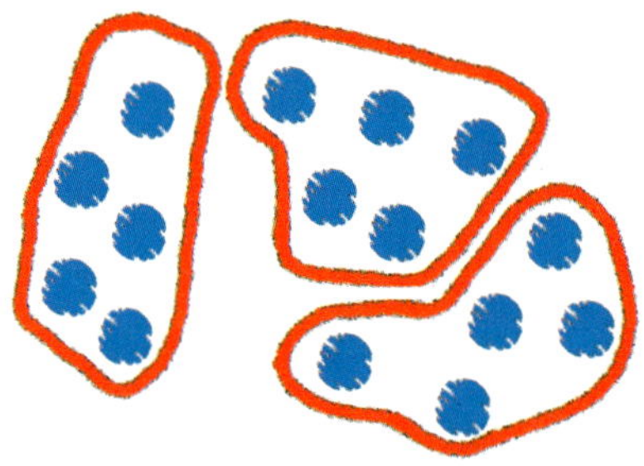

2 Immer 12 Kinder. Teile verschieden auf.

a)

12 : 6 =
Es sind Sechsergruppen.

b)

12 : 4 =
Es sind Vierergruppen.

c)

12 : 3 =
Es sind Dreiergruppen.

d)

12 : 2 =
Es sind Zweiergruppen.

W **3** a) 25 36 44 − 3 5 8 b) 16 45 37 + 2 4 6

17, 18, 20, 20, 22, 22, 28, 31, 33, 36, 39, 39, 41, 41, 43, 47, 49, 51

Einführung des Dividierens in Aufteilsituationen. **1** Handelnd lösen.
2 Feststellen: Je kleiner die Gruppe, desto mehr Gruppen.

Dividieren

1

2 a) Immer 5 Bälle in ein Netz.

15 : **5** = ___

Wir brauchen ___ Netze.

b) Immer 4 Bälle in ein Netz.

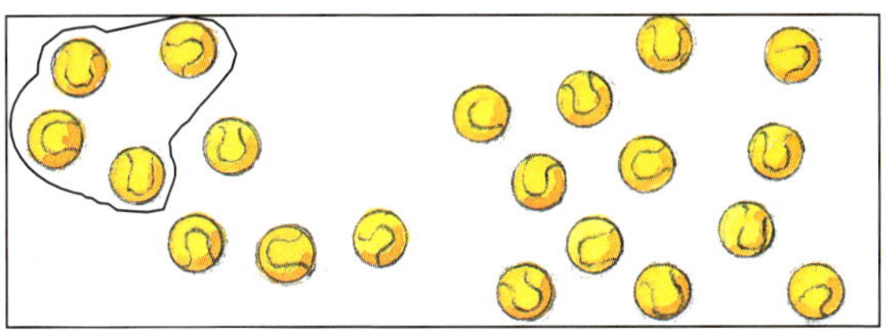

___ : **4** = ___

Wir benötigen ___ Netze.

3 a)

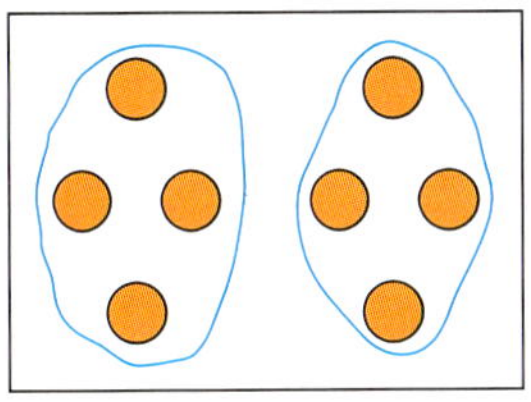

8 : 4 = ___

b)

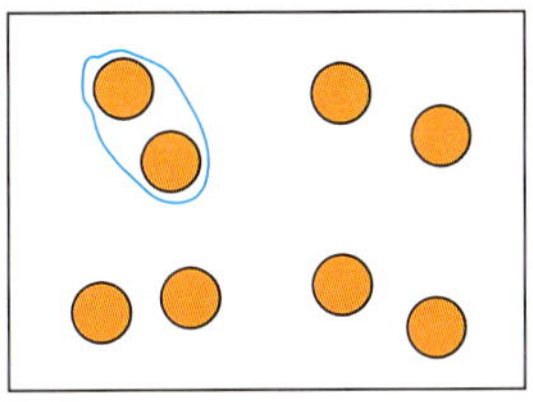

8 : 2 = ___

c)

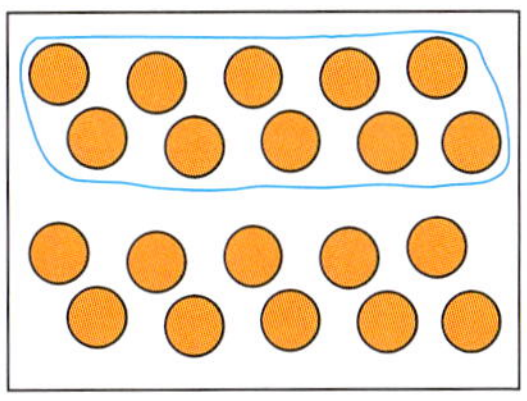

20 : ___ = ___

d)

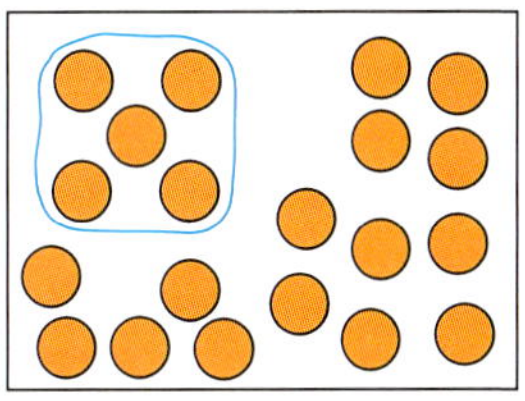

20 : ___ = ___

4 a)

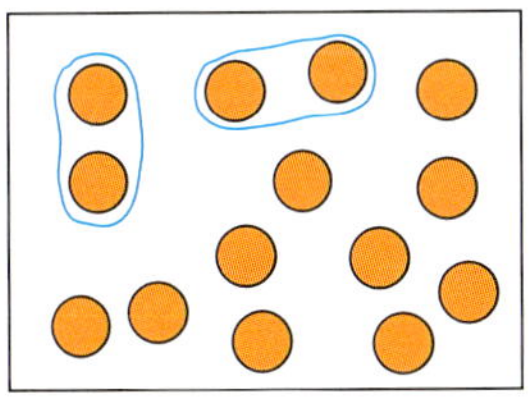

b)

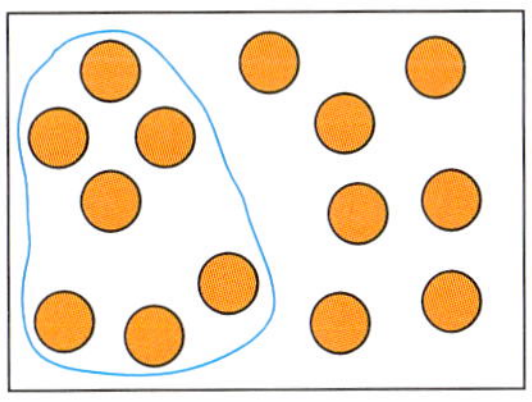

c)

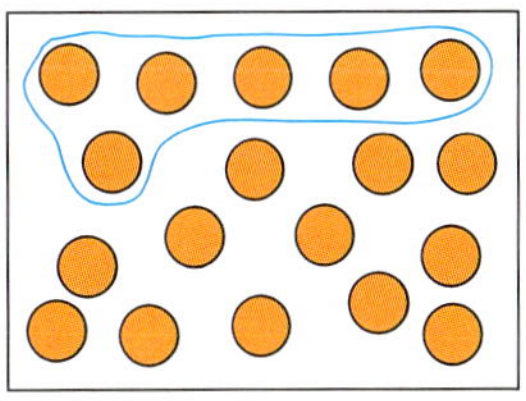

d)

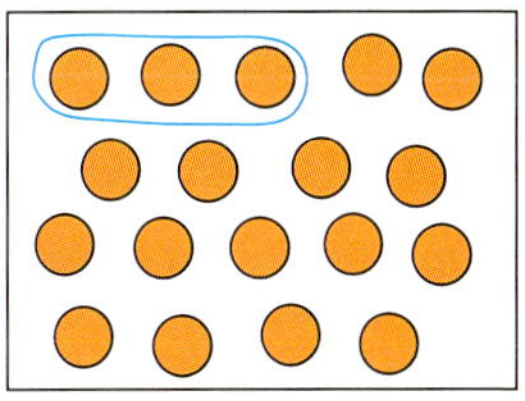

e)

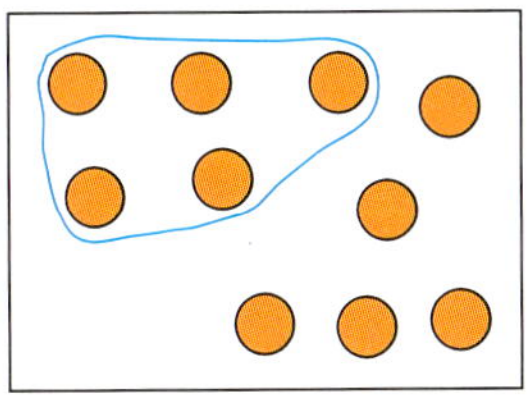

f)

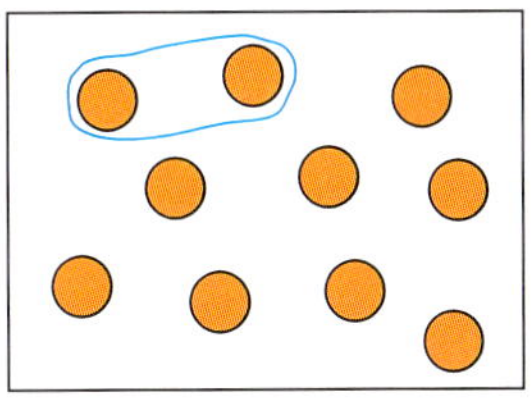

g)

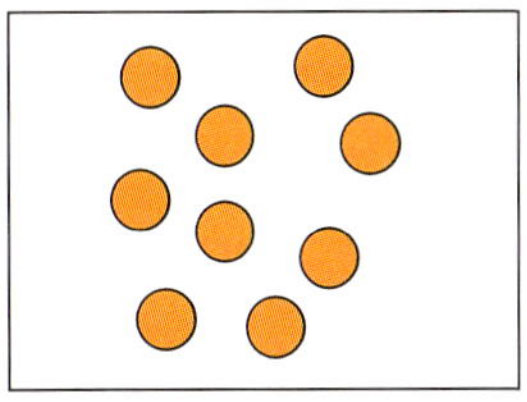

h)

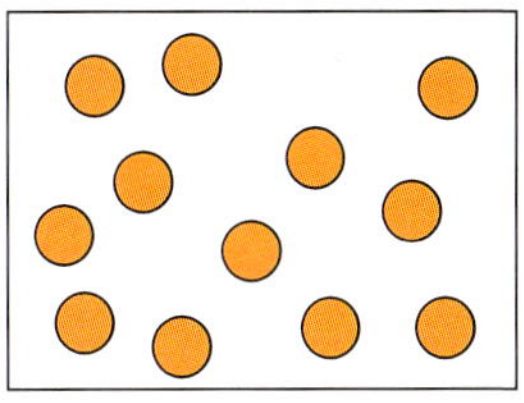

5 Male und teile.

a) 15 : 5 = ___
20 : 5 = ___
50 : 5 = ___
10 : 5 = ___

b) 35 : 5 = ___
40 : 5 = ___
45 : 5 = ___
25 : 5 = ___

c) 30 : 10 = ___
50 : 10 = ___
20 : 10 = ___
40 : 10 = ___

1 Handelnd oder zeichnerisch lösen. **4** Aufteilen. Divisionsaufgabe notieren. g) und h) Offene Aufgaben.

Dividieren und Multiplizieren – Umkehraufgaben

1

12 : 3 = ☐ denn **☐ · 3 = 12**

2 a)

12 : 4 = ☐ denn ☐ · 4 = 12

b)

8 : 4 = ☐ denn ☐ · 4 = 8

c)

10 : 2 = ☐ denn ☐ · 2 = 10

d)

9 : 3 = ☐ denn ☐ · 3 = 9

3

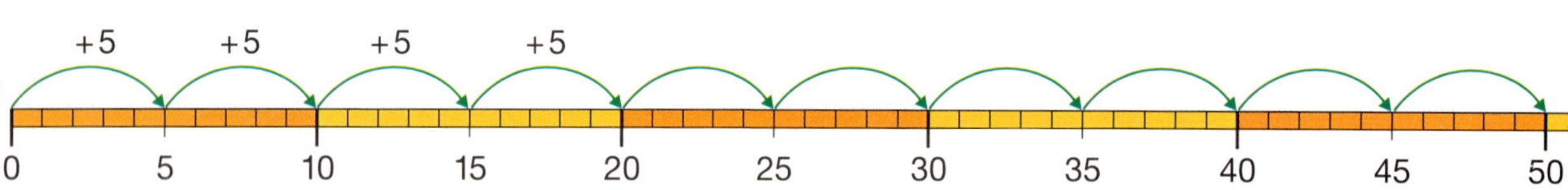

a) 15 : 5 = ☐ denn ☐ · 5 = 15
25 : 5 = ☐ denn ☐ · 5 = 25
10 : 5 = ☐ denn ☐ · 5 = 10
30 : 5 = ☐ denn ☐ · 5 = 30
20 : 5 = ☐ denn ☐ · 5 = 20

b) 40 : 5 = ☐ denn ☐ · 5 = 40
35 : 5 = ☐ denn ☐ · 5 = 35
50 : 5 = ☐ denn ☐ · 5 = 50
45 : 5 = ☐ denn ☐ · 5 = 45
5 : 5 = ☐ denn ☐ · 5 = 5

4

a) 10 : 5 = ☐ ☐ · 5 = 10	b) 20 : 5 = ☐ ☐ · 5 = 20	c) 15 : 5 = ☐ ☐ · 5 = 15	d) 40 : 5 = ☐ ☐ · 5 = 40	e) 45 : 5 = ☐ ☐ · 5 = 45
f) 30 : 10 = ☐ ☐ · 10 = 30	g) 20 : 10 = ☐ ☐ · 10 = 20	h) 40 : 10 = ☐ ☐ · 10 = 40	i) 50 : 10 = ☐ ☐ · 10 = 50	j) 70 : 10 = ☐ ☐ · 10 = 70
k) 25 : 5 = ☐ ☐ · 5 = ☐	l) 5 : 5 = ☐ ☐ · 5 = ☐	m) 0 : 5 = ☐ ☐ · 5 = ☐	n) 35 : 5 = ☐ ☐ · 5 = ☐	o) 50 : 5 = ☐ ☐ · 5 = ☐

1, 2 Division als Umkehrung der Multiplikation. 3 und 4 Durch- und Malaufgaben am Zahlenstrahl lösen.

Einmaleins mit 1 und 0

1

2 + 2 + 2 = ▢
▢ · 2 = ▢

1 + 1 + 1 = ▢
▢ · 1 = ▢

0 + 0 + 0 = ▢
▢ · 0 = ▢

Die Teller sind leer.

2 Zeichne und rechne.

a) 4 · 2 = ▢
4 · 1 = ▢
4 · 0 = ▢

b) 2 · 2 = ▢
2 · 1 = ▢
2 · 0 = ▢

c) 5 · 3 = ▢
5 · 0 = ▢
5 · 1 = ▢

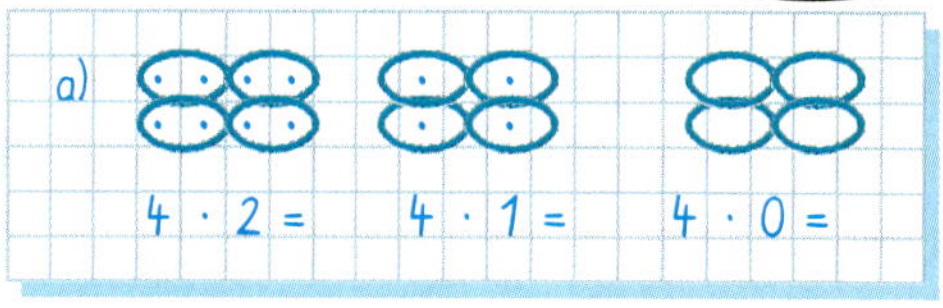

3

a) · 5

3	
2	
4	
6	

b) · 1

3	
7	
0	
9	

c) · 10

4	
8	
1	
7	

d) · 0

7	
6	
4	
0	

e) · 5

0	
8	
5	
10	

4 Wie viel kostet es?

a) 2-mal Pizza
b) 3 Schnitzel mit Pommes
c) 4-mal Pizza
und 7-mal Mineralwasser

lecker

5€ **Pizza**
10€ **Schnitzel** mit Pommes
1€ **Mineralwasser**

5 Was können sie kaufen?

a) Sara und Lisa haben zusammen 15 €.
b) Jan und sein Papa möchten höchstens 20 € ausgeben.
c) Julia hat 16 €.

6 Der Kiosk hat heute schon 100 € eingenommen.
Was wurde wohl verkauft?

7 < oder = oder >

a) 5 · 5 ◯ 20
4 · 5 ◯ 20
3 · 10 ◯ 20

b) 0 · 5 ◯ 30
6 · 5 ◯ 30
2 · 10 ◯ 30

c) 4 · 10 ◯ 35
7 · 5 ◯ 35
6 · 5 ◯ 35

d) 8 · 5 ◯ 45
9 · 5 ◯ 45
10 · 5 ◯ 45

e) ▢ · 5 ◯ 40
▢ · 0 ◯ 40
▢ · 1 ◯ 40

W **8** a)

b)

1 Anzahl der Brötchen beachten. **3** Kopiervorlagen. **7** d) Offene Aufgaben.

Einmaleins mit 2

1

Erzähle und rechne.

2 a)

$2 + 2 + 2 + 2 + 2 =$ ☐

☐ $\cdot\ 2 =$ ☐

b)

$2 + 2 + 2 + 2 =$ ☐

☐ $\cdot\ 2 =$ ☐

c)

$2 + 2 + 2 + 2 + 2 + 2 =$ ☐

☐ $\cdot\ 2 =$ ☐

d)

3 Wie viele einzelne Schuhe sind es?

a) 4 Paare c) 6 Paare e) 3 Paare g) 9 Paare

b) 7 Paare d) 5 Paare f) 2 Paare h) 10 Paare

a) $2 + 2 + 2 + 2 =$

$4 \cdot 2 =$

Es sind Schuhe.

4

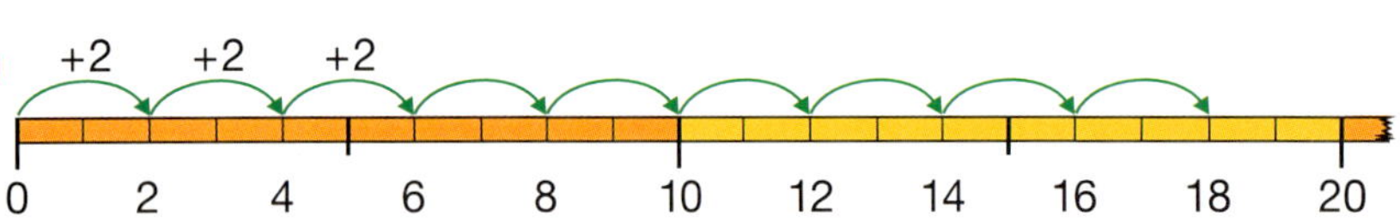

$9 \cdot 2 =$ ☐

a) $2 \cdot 2 =$ ☐ b) $6 \cdot 2 =$ ☐ c) $10 \cdot 2 =$ ☐ d) $4 \cdot 2 =$ ☐ e) $5 \cdot 2 =$ ☐

$1 \cdot 2 =$ ☐ $3 \cdot 2 =$ ☐ $9 \cdot 2 =$ ☐ $8 \cdot 2 =$ ☐ $7 \cdot 2 =$ ☐

5 Wie oft? Prüfe am Zahlenstrahl.

a) $20 =$ ☐ $\cdot\ 2$ b) $10 =$ ☐ $\cdot\ 2$ c) $16 =$ ☐ $\cdot\ 2$ d) $6 =$ ☐ $\cdot\ 2$ e) $12 =$ ☐ $\cdot\ 2$

$18 =$ ☐ $\cdot\ 2$ $8 =$ ☐ $\cdot\ 2$ $14 =$ ☐ $\cdot\ 2$ $4 =$ ☐ $\cdot\ 2$ $2 =$ ☐ $\cdot\ 2$

6 Rechne Malaufgaben.

a) 10

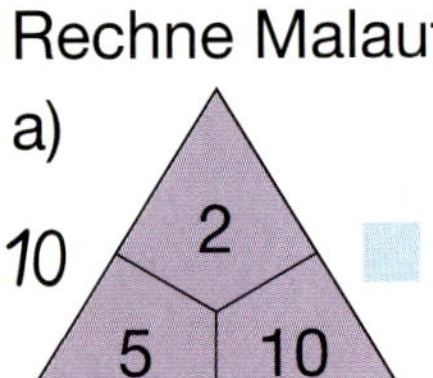

b)

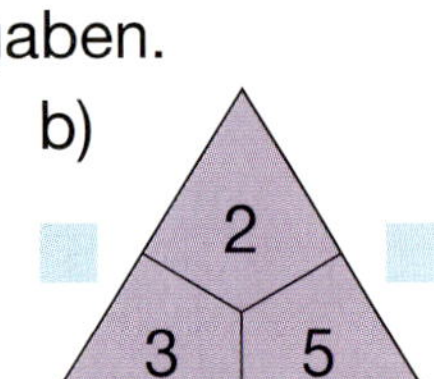

c)

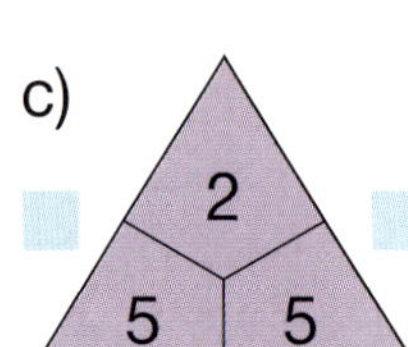

d)

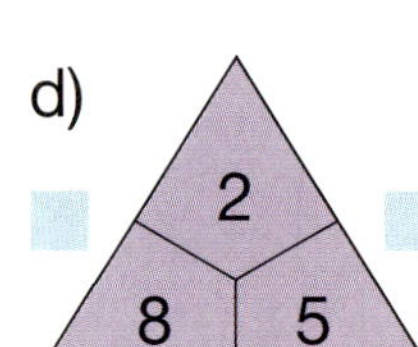

Rechne so:

a) $5 \cdot 2 =$

$10 \cdot 2 =$

$10 \cdot 5 =$

6 Im Rechendreieck multiplizieren.

Einmaleins mit 2

Schöne Muster auf dem Einmaleinsbrett.

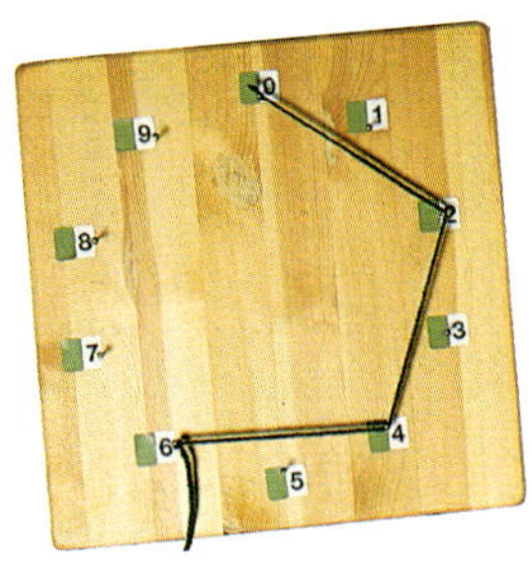

1 Ziehe den Faden von Null zu jeder Zweierzahl.

0 · 2 = 0	
1 · 2 = 2	6 · 2 = ☐
2 · 2 = 4	7 · 2 = ☐
3 · 2 = ☐	8 · 2 = ☐
4 · 2 = ☐	9 · 2 = ☐
5 · 2 = ☐	10 · 2 = ☐

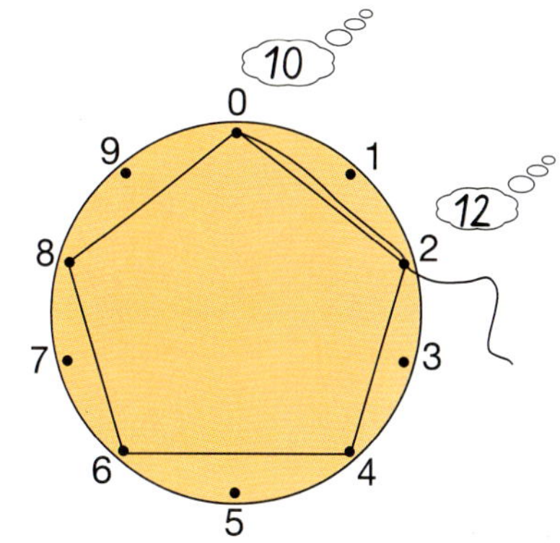

2 Verdopple.

a) 1 · 2 = ☐
2 · 2 = ☐

b) 2 · 2 = ☐
4 · 2 = ☐

c) 3 · 2 = ☐
6 · 2 = ☐

Setze fort.

3 Finde Nachbaraufgaben.

5 · 2 = ☐ 4 · 2 = ☐	2 · 2 = ☐ 3 · 2 = ☐	10 · 2 = ☐ ☐ · 2 = ☐	0 · 2 = ☐ ☐ · 2 = ☐
5 · 2 = ☐ ☐ · 2 = ☐	9 · 2 = ☐ 8 · 2 = ☐	6 · 2 = ☐ ☐ · 2 = ☐	8 · 2 = ☐ ☐ · 2 = ☐

4 Rechne zur Probe die Mal-Aufgabe.

a) 10 : 2 = ☐
☐ · 2 = 10

b) 20 : 2 = ☐
☐ · 2 = 20

c) 4 : 2 = ☐
☐ · 2 = 4

d) 2 : 2 = ☐
☐ · 2 = 2

e) 6 : 2 = ☐
☐ · 2 = ☐

f) 8 : 2 = ☐
☐ · 2 = ☐

g) 18 : 2 = ☐
☐ · 2 = ☐

h) 14 : 2 = ☐
☐ · 2 = ☐

5

a) 12 : 2 = ☐
14 : 2 = ☐
16 : 2 = ☐

b) 4 : 2 = ☐
6 : 2 = ☐
8 : 2 = ☐

c) 30 : 10 = ☐
60 : 10 = ☐
80 : 10 = ☐

d) 100 : 10 = ☐
50 : 10 = ☐
50 : 5 = ☐

e) 30 : 5 = ☐
40 : 5 = ☐
40 : 10 = ☐

f) 10 : 2 = ☐
10 : 5 = ☐
10 : 10 = ☐

g) 20 : 2 = ☐
20 : 5 = ☐
20 : 10 = ☐

h) 5 : 5 = ☐
10 : 5 = ☐
15 : 5 = ☐

i) 20 : 5 = ☐
25 : 5 = ☐
35 : 5 = ☐

j) 45 : 5 = ☐
50 : 5 = ☐
55 : 5 = ☐

6

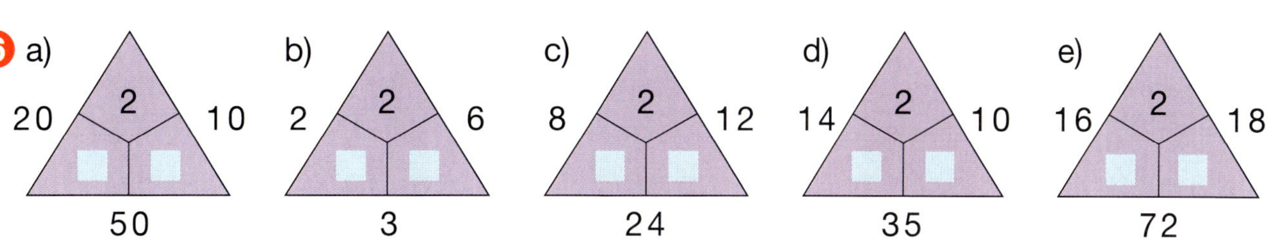

1 Evtl. ein Einmaleinsbrett bauen (Kopiervorlage). Bei zweistelligen Zahlen ist nur die Einerstelle berücksichtigt. Es entsteht ein regelmäßiges Fünfeck. **2** und **3** Rechenstrategien. **6** Im Rechendreieck dividieren oder multiplizieren.

Einmaleins mit 4

1

Erzähle, frage und rechne.

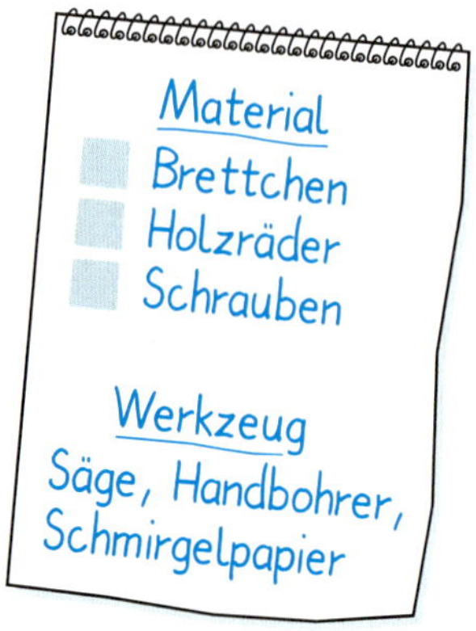

2 Wie viele Räder brauchen wir für:

a) 4 Wagen b) 1 Wagen c) 2 Wagen d) 3 Wagen
e) 5 Wagen f) 10 Wagen g) 11 Wagen h) 12 Wagen

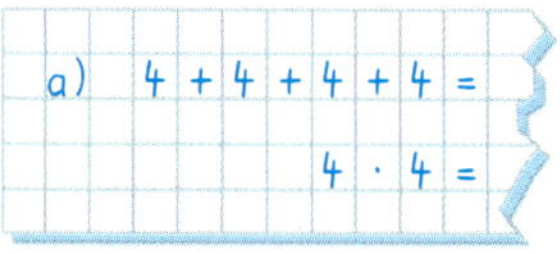

3 In einer Packung sind 40 Holzscheiben für Räder
Wie viele Wagen können wir damit bauen?

$1 \cdot 4 =$ ___
$2 \cdot 4 =$ ___
$3 \cdot 4 =$ ___
$4 \cdot 4 =$ ___
$5 \cdot 4 =$ ___
$6 \cdot 4 =$ ___
$7 \cdot 4 =$ ___
$8 \cdot 4 =$ ___
$9 \cdot 4 =$ ___
$10 \cdot 4 =$ ___

40 Räder reichen
für ___ Wagen.

$40 =$ ___ $\cdot 4$
$36 =$ ___ $\cdot 4$
$32 =$ ___ $\cdot 4$
$28 =$ ___ $\cdot 4$
$24 =$ ___ $\cdot 4$
$20 =$ ___ $\cdot 4$
$16 =$ ___ $\cdot 4$
$12 =$ ___ $\cdot 4$
$8 =$ ___ $\cdot 4$
$4 =$ ___ $\cdot 4$
$0 =$ ___ $\cdot 4$

4 Die Tauschaufgaben kennst du schon.

a) $4 \cdot 2 =$ ___ b) $4 \cdot 5 =$ ___ c) $4 \cdot 10 =$ ___
$2 \cdot 4 =$ ___ $5 \cdot 4 =$ ___ $10 \cdot 4 =$ ___

5

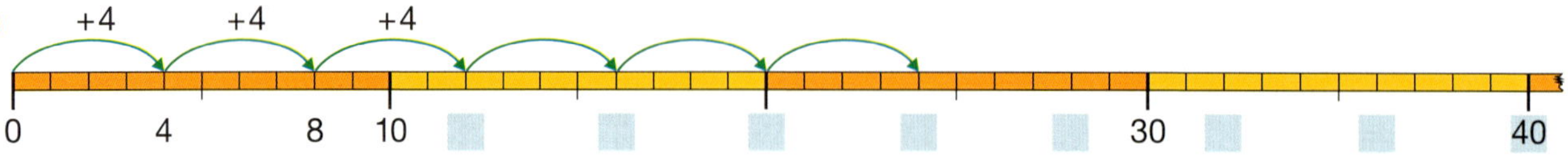

Zähle und schreibe.

a) in Viererschritten vorwärts: 4, 8, …
b) in Viererschritten rückwärts: 40, …

6 Die Nachbaraufgaben können helfen.

a) $10 \cdot 4 =$ ___ b) $2 \cdot 4 =$ ___ c) $5 \cdot 4 =$ ___ d) $6 \cdot 4 =$ ___ e) $5 \cdot 4 =$ ___
$9 \cdot 4 =$ ___ $3 \cdot 4 =$ ___ $6 \cdot 4 =$ ___ $7 \cdot 4 =$ ___ $4 \cdot 4 =$ ___

1 bis 3 Ausgehend von der Sachsituation die Viererreihe aufbauen.
4 Diff.: 3-mal vier Viertelnoten. 5 a) Diff.: Reihe über 40 hinaus fortsetzen.

Einmaleins mit 4

1 24 Figuren gehören zum Spiel.
Wie viele Kinder können höchstens mitspielen?

2 Wie viele Figuren werden benötigt?
a) für 4 Spieler
b) für 5 Spieler
c) für 6 Spieler
d) für 3 Spieler

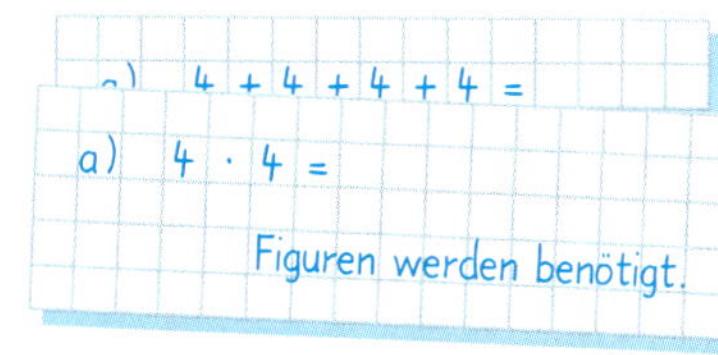

3 Rechne zur Probe die Umkehraufgabe.

a) 20 : 4 = ☐
☐ · 4 = 20

b) 8 : 4 = ☐
☐ · 4 = 8

c) 16 : 4 = ☐
☐ · 4 = 16

d) 24 : 4 = ☐
☐ · 4 = 24

e) 32 : 4 = ☐
☐ · 4 = 32

f) 28 : 4 = ☐
☐ · 4 = ☐

g) 36 : 4 = ☐
☐ · 4 = ☐

h) 4 : 4 = ☐
☐ · 4 = ☐

i) 40 : 4 = ☐
☐ · 4 = ☐

j) 80 : 4 = ☐
☐ · 4 = ☐

4 Immer vier Karten sind ein Quartett.
Wie viele Quartette sind es?

a) 12 Karten b) 24 Karten c) 36 Karten d) 32 Karten
e) 20 Karten f) 40 Karten g) 44 Karten h) 80 Karten

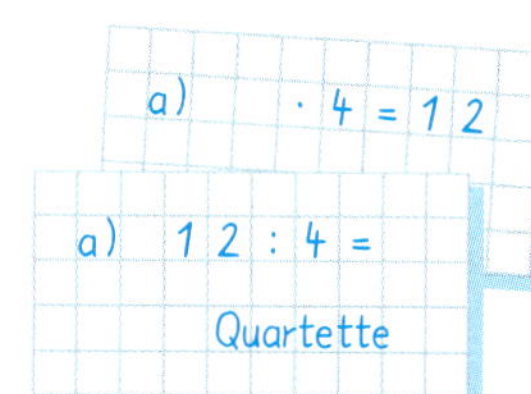

5

a) ☐ · 4 = 8
☐ · 4 = 16
☐ · 4 = 32

b) ☐ · 4 = 0
☐ · 4 = 4
☐ · 4 = 12

c) ☐ · 4 = 20
☐ · 4 = 40
☐ · 4 = 36

d) ☐ · 2 = 12
☐ · 2 = 16
☐ · 2 = 20

e) ☐ · 5 = 20
☐ · 5 = 40
☐ · 10 = 40

6

a) · 4

3	12
4	
5	
6	
7	
9	

b) : 4

40	
36	
32	
16	
8	
4	

c) · 2

3	
6	
9	
10	
0	
1	

d) : 2

20	
18	
16	
8	
4	
2	

7 Was entsteht?

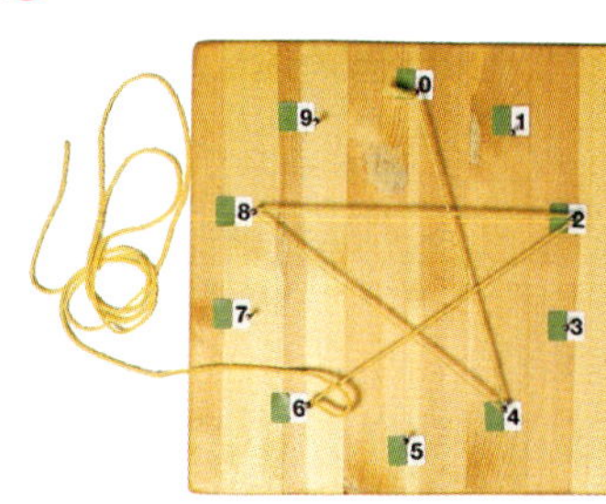

8

a) 40 = ☐ · 4
20 = ☐ · 4
0 = ☐ · 4

b) 36 = ☐ · 4
24 = ☐ · 4
12 = ☐ · 4

c) 4 = ☐ · 4
28 = ☐ · 4
32 = ☐ · 4

d) 8 = ☐ · 4
16 = ☐ · 4
20 = ☐ · 4

e) 4 = ☐ · 2
8 = ☐ · 2
16 = ☐ · 2

9 Die Nachbaraufgaben können helfen.

a) 4 : 4 = ☐
8 : 4 = ☐

b) 16 : 4 = ☐
12 : 4 = ☐

c) 20 : 4 = ☐
24 : 4 = ☐

d) 40 : 4 = ☐
36 : 4 = ☐

e) 32 : 4 = ☐
28 : 4 = ☐

1 Mensch-ärgere-dich-nicht für sechs Spieler. **4** Evtl. handelnd lösen.

Mineralwasserverbrauch

1

Eine Flasche reicht für 4 Becher.
20 Becher sollen gefüllt werden.

Wir haben nur noch fünf Flaschen. Reicht das?

2 Fülle die Becher mit Mineralwasser. Wie viele Flaschen brauchst du dafür?

a)

b)

c)

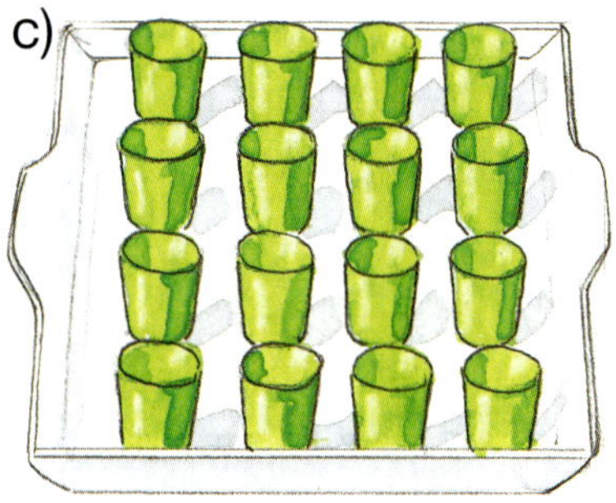

d)

e)

f)

Was trinken die Kinder in deiner Schule?

3 Wie viele Becher können gefüllt werden?

a) Die Klasse 2a verbraucht in der Woche meistens 8 Flaschen Mineralwasser.
b) Die Klasse 2b trinkt meistens am Tag 3 Flaschen leer.
c) Die ersten Klassen verbrauchen zusammen am Tag 10 Flaschen.

4

Flaschen	1	2	4	8	5	10				7
Becher	4						12	24	36	

5 Rechnen mit Viererzahlen. Was fällt dir auf?

a)	b)	c)	d)	e)
4 + 4 =	20 + 20 =	24 − 8 =	24 − 12 =	40 − 4 =
8 + 8 =	24 + 24 =	32 − 8 =	28 − 12 =	36 − 16 =
12 + 12 =	28 + 28 =	36 − 8 =	32 − 12 =	32 − 20 =
16 + 16 =	32 + 32 =	40 − 8 =	36 − 12 =	28 − 16 =

8 12 12 12 16 16 16 20 20 24 24 24 28 32 32 36 40 48 56 64

1 bis **3** Handelnd erschließen. Passende Aufgaben schreiben.
2 f) Halbe Flasche. **5** Entdecken: Ergebnisse sind wieder Viererzahlen.

❶

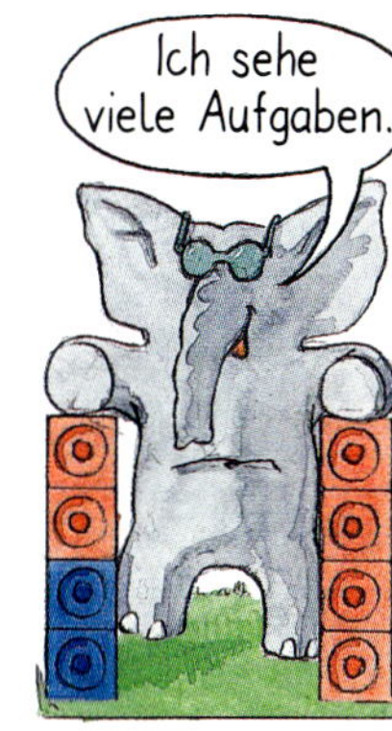

❷ 12 Kinder tanzen
a) in Zweiergruppen
b) in Vierergruppen

a) 12 : 2 =

❸ Schreibe eigene Aufgaben.
a) 20 Kinder tanzen.
b) 40 Kinder tanzen.

❹
a) 8 = ☐ · 2
8 = ☐ · 4

b) 12 = ☐ · 2
12 = ☐ · 4

c) 4 = ☐ · 2
4 = ☐ · 4

d) 20 = ☐ · 4
20 = ☐ · 2

e) 16 = ☐ · 4
16 = ☐ · 2

❺ Zweiersprünge und Vierersprünge. Vergleiche. Schreibe Malaufgaben.

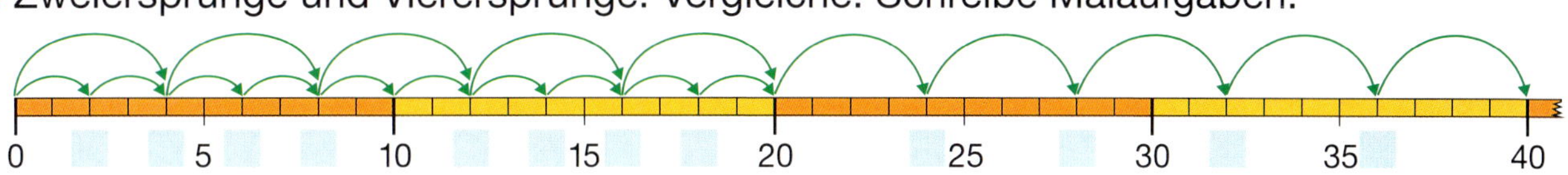

❻ Setze ein: < oder = oder >

a) 3 · 4 ☐ 20
4 · 4 ☐ 20
5 · 4 ☐ 20
6 · 4 ☐ 20
7 · 4 ☐ 20

b) 3 · 2 ☐ 10
4 · 2 ☐ 10
5 · 2 ☐ 10
6 · 2 ☐ 10
7 · 2 ☐ 10

c) 6 · 4 ☐ 40
7 · 4 ☐ 40
8 · 4 ☐ 40
9 · 4 ☐ 40
10 · 4 ☐ 40

d) 6 · 2 ☐ 18
6 · 4 ☐ 18
8 · 2 ☐ 18
8 · 4 ☐ 18
9 · 4 ☐ 18

e) 7 · 4 ☐ 25
8 · 2 ☐ 15
6 · 4 ☐ 25
9 · 2 ☐ 15
10 · 2 ☐ 25

❼

Kinder	4	8	16	12	20	24	36	32	28	40
Zweiergruppen	2									
Vierergruppen	1									

❽

Rechnen mit Geld

1

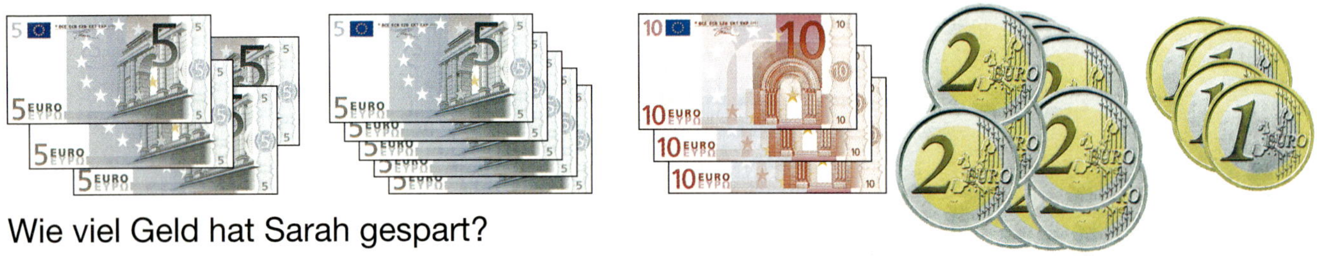

Wie viel Geld hat Sarah gespart?

2

3 Lege und rechne.

a)	b)	c)
10 · 5 € + 50 € = __ €	2 · 5 € + __ € = 20 €	7 · 5 € + 2 € = __ €
10 · 2 € + 5 € = __ €	4 · 5 € + __ € = 40 €	7 · 10 € + 20 € = __ €
8 · 1 € + 50 € = __ €	6 · 5 € + __ € = 60 €	7 · 2 € + 6 € = __ €
8 · 10 € + 0 € = __ €	8 · 5 € + __ € = 80 €	5 · 1 € + 60 € = __ €
8 · 2 € + 4 € = __ €	5 · 5 € + __ € = 30 €	4 · 10 € + 5 € = __ €

5 10 20 20 20 25 30 37 40 45 58 65 80 90 100

Immer erst die Malaufgabe rechnen.

4 Vergleiche. Setze ein: > oder < =.

a)	b)	c)
5 · 2 € __ 30 €	6 · 2 € __ 20 €	8 · 5 € __ 45 €
5 · 10 € __ 30 €	6 · 4 € __ 20 €	5 · 10 € __ 50 €
7 · 5 € __ 30 €	5 · 5 € __ 20 €	9 · 5 € __ 45 €
3 · 10 € __ 30 €	4 · 5 € __ 20 €	9 · 4 € __ 35 €
6 · 5 € __ 30 €	10 · 2 € __ 20 €	10 · 5 € __ 55 €

4-mal < 5-mal > 6-mal =

5 Die Kinder wollen Kuscheltiere kaufen.

a) Sven hat 42 € gespart.
b) Sina sparte 55 €.
c) Basil konnte sogar 65 € sparen.
d) Pia zählte insgesamt 25 €.

Zebra
Kuscheltier 25 cm
20 €

Golden Retriever
ca. 27 cm
63 €

Orkawal
ca. 50 cm **30 €**

1 und 2 Multiplizieren und addieren. Diff.: Geldbeträge vergleichen.
5 Subtrahieren oder ergänzen. Restbeträge notieren.

Wiederholung

1 a)

b)

2

a) 23 + 2
23 − 2
23 + 7
23 − 7
23 + 6
23 − 6

b) 54 + 5
54 − 5
54 + 8
54 − 8
54 + 9
54 − 9

c) 46 + 14
46 − 14
46 + 13
46 − 13
46 + 12
46 − 12

d) 75 + 23
75 − 23
75 + 15
75 − 15
75 + 24
75 − 24

e) 65 + 24
65 − 24
68 + 12
68 − 12
67 + 32
67 − 32

3

a)

20
· 4
· 2
· 10
· 5

b)

24
· 4
· 6
· 2

c)

40
4 ·
8 ·
5 ·
10 ·

d)

32
8 ·
· 8

e)

15
· 5
3 ·

4

a)

·	2	4	5	10
1				
2				
5				
10				

b)

·	2	4	5	10
6				
7				
8				
9				

c)

·	5	2	10	4
10				
0				
	15			
		12		

5

a) 3 ○ 8 = 24
16 ○ 8 = 24
6 ○ 4 = 24
20 ○ 4 = 24

b) 8 ○ 4 = 32
4 ○ 8 = 32
40 ○ 8 = 32
28 ○ 4 = 32

c) 8 ○ 5 = 40
35 ○ 5 = 40
4 ○ 10 = 40
50 ○ 10 = 40

d) 48 : 8 = 6
3 ○ 2 = 6
3 ○ 3 = 6
24 ○ 4 = 6

6

7 Schreibe Mal-Aufgaben mit diesen Ergebnissen: a) 16 b) 36 c) 45 d) 12

8 a)

b)

1 und 8 Viermal 4 Aufgaben. Die Ergebnisse stehen in den aufgeschlagenen Büchern.
3 und 4 Kopiervorlagen. 5 Rechenzeichen eintragen.

Quader und Würfel

❶

❷

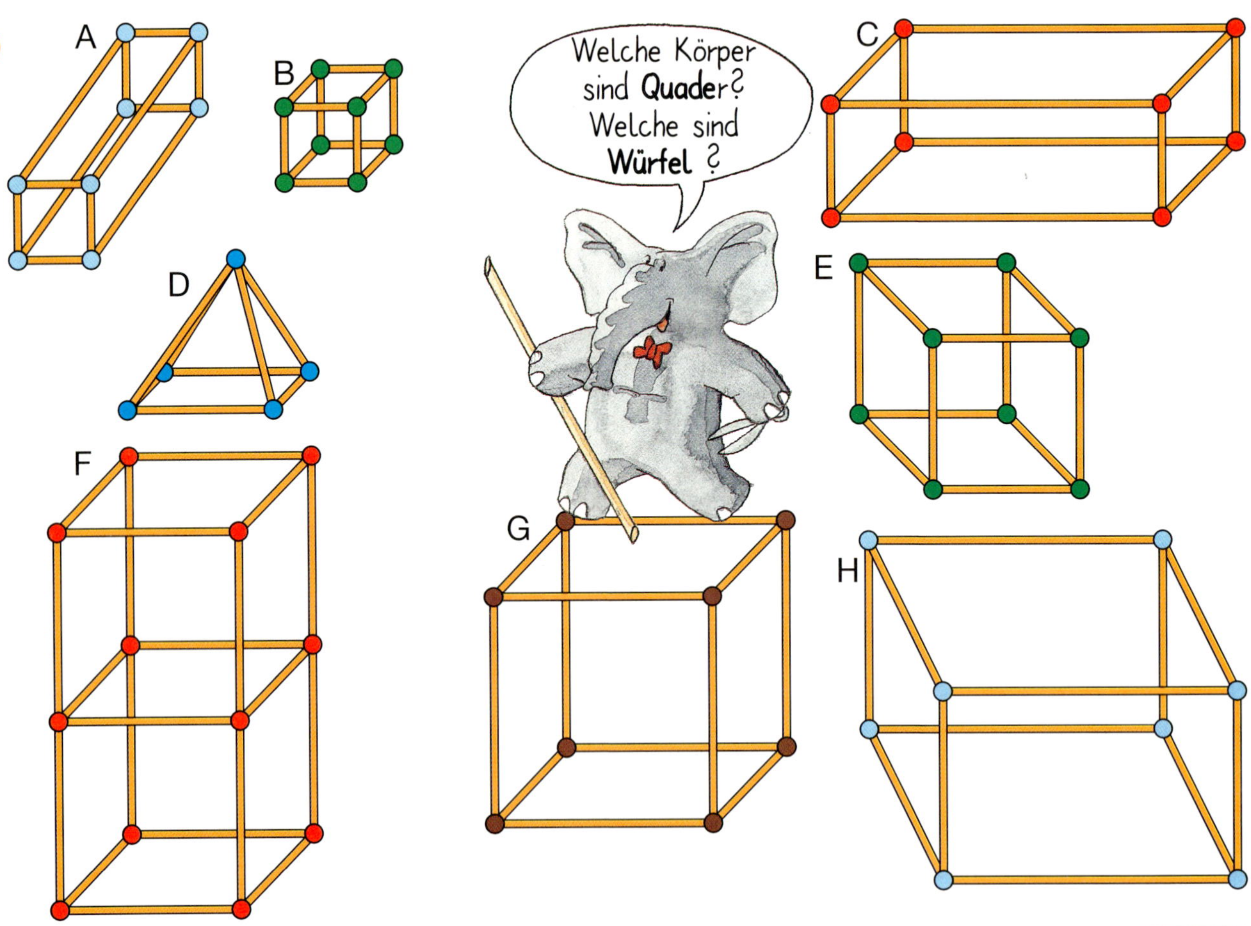

a) Baue Körper mit Halmen und Kugeln aus Knetmasse nach.
Wie viele Halme und Kugeln brauchst du jeweils?

b) Baue andere Körper.

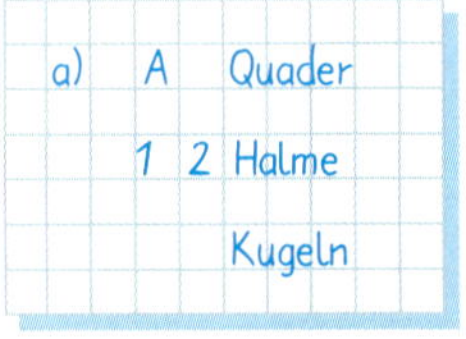

❶ Quader und Würfel in der Umwelt suchen. Feststellen: Alle Würfel sind auch Quader.

❷ Kantenmodelle herstellen.

Quader und Würfel

1

Baue, rechne und prüfe.

2 Baue mit Würfeln und Quadern.

Wie viele Klötze sind es? Rechne geschickt.

3 Wie viele? Baue nach!

A
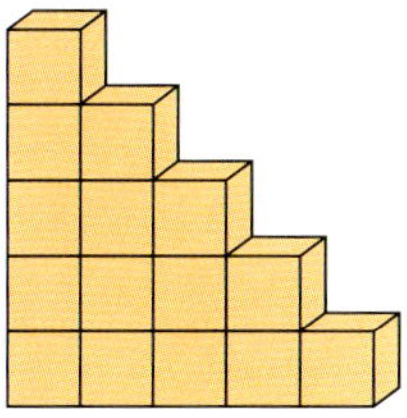

B
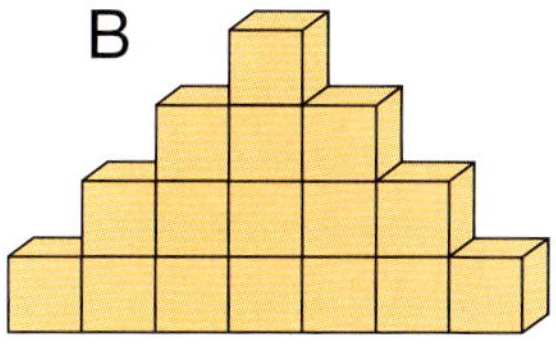

C
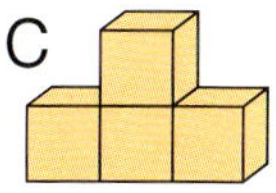

D

E

F

G

H

Vorher immer Vermutungen über die Zweckmäßigkeit der Bauweise anstellen.
Nachbauen und die Zahl der Bausteine feststellen.

Einmaleins mit 8

1 5 · 8

Wie rechnest du diese Aufgabe?

Das Doppelte von 5 · 4

Die Hälfte von 10 · 8

Ich kenne die Tauschaufgabe: 8 · 5

5 Achter in der Hundertertafel suchen.

2 Die Tauschaufgaben helfen.

1 · 8 =	**2 · 8** =	**4 · 8** =	**5 · 8** =	**10 · 8** =
8 · 1 =	8 · 2 =	8 · 4 =	8 · 5 =	8 · 10 =

3

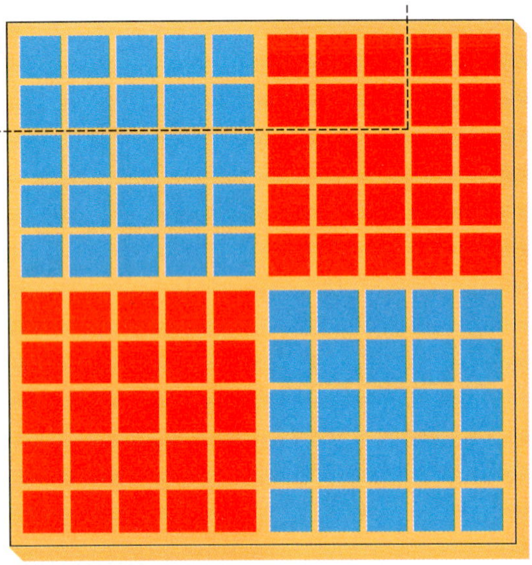

Zeige am Hunderterfeld.

0 · 8 =	0 · 4 =
1 · 8 =	1 · 4 =
2 · 8 =	2 · 4 =
3 · 8 =	3 · 4 =
4 · 8 =	4 · 4 =
5 · 8 =	5 · 4 =
6 · 8 =	6 · 4 =
7 · 8 =	7 · 4 =
8 · 8 =	8 · 4 =
9 · 8 =	9 · 4 =
10 · 8 =	10 · 4 =

Decke ab und rechne.

4 Zeichne. Schreibe Aufgaben mit diesen Ergebnissen.

a) 16 b) 24 c) 40 d) 32 e) 48 f) 8

g) 56 h) 80 i) 64 j) 72 k) 88

a) 16 = 8 +
16 = · 8
16 = · 4

5

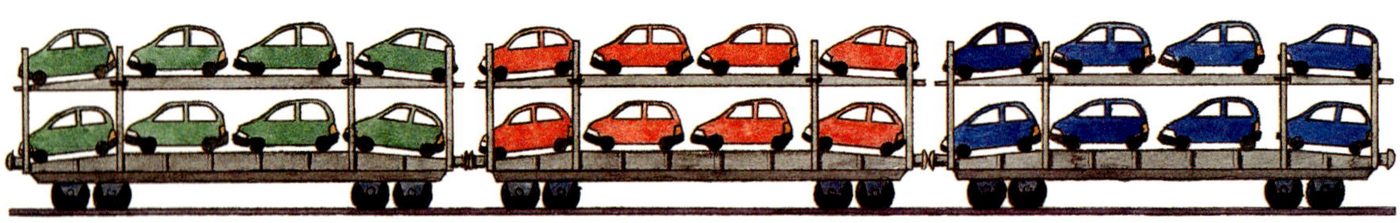

Erzähle. Finde viele Aufgaben.

6 Wie viele Eisenbahnwagen werden benötigt?

a) für 16 Autos b) für 40 Autos c) für 48 Autos
d) für 24 Autos e) für 32 Autos f) für 56 Autos

a) · 8 = 16 Wagen.

a) 16 : 8 = Wagen.

7 a) Schreibe die Mal-Aufgaben auf.
b) Zähle in Achterschritten vorwärts und rückwärts. Schreibe auf.

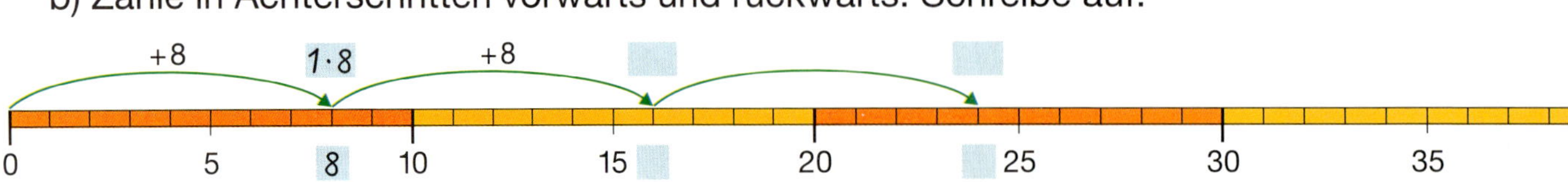

1 und **2** Über bereits bekannte Tauschaufgaben und andere Vorkenntnisse schon die Hälfte allerEinmaleinsaufgaben mit 8 erarbeiten. **5** Zerlegungen der Zahl 24 über möglichst viele Rechenarten schreiben.

8

Erzähle
und rechne.

9 Wie viele Achterboote werden gebraucht?

a) 16 Ruderer b) 80 Ruderer c) 40 Ruderer d) 48 Ruderer e) 8 Ruderer
f) 24 Ruderer g) 72 Ruderer h) 56 Ruderer i) 32 Ruderer j) 64 Ruderer

10

RUDERCLUB 05
Training im Achterboot
15 Uhr
17 Uhr
18 Uhr
Heute nur 3 Boote frei

a) Um 15 Uhr kommen 24 Ruderer.

b) Um 17 Uhr kommen 16 Kinder.

c) 6 Frauen und 19 Männer möchten ab 18 Uhr rudern.

11

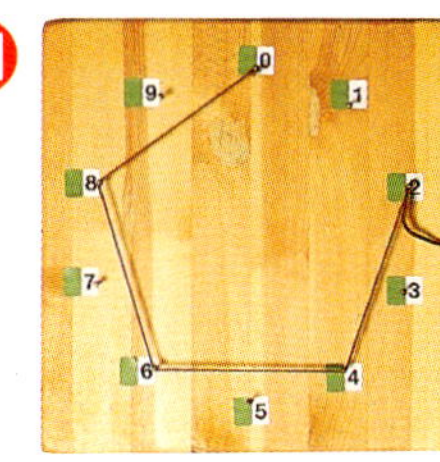

12 Rechne zur Probe auch die Umkehraufgabe.

a)	b)	c)	d)	e)
24 : 8 =	24 : 4 =	80 : 8 =	32 : 8 =	32 : 4 =
16 : 8 =	16 : 4 =	72 : 8 =	40 : 8 =	40 : 5 =
8 : 8 =	8 : 4 =	64 : 8 =	56 : 8 =	16 : 2 =
0 : 8 =	0 : 4 =	24 : 8 =	48 : 8 =	72 : 8 =

13 Rechne mit Achterzahlen. Sind die Ergebnisse wieder Achterzahlen?

a)	b)	c)	d)	e)
40 + 8 =	48 + 32 =	48 – 8 =	48 – 48 =	72 – 32 =
24 + 8 =	16 + 40 =	56 – 8 =	72 – 40 =	56 – 24 =
16 + 8 =	56 + 24 =	16 – 8 =	56 – 16 =	64 – 32 =
48 + 8 =	32 + 16 =	24 – 8 =	64 – 24 =	48 – 24 =

14

a)
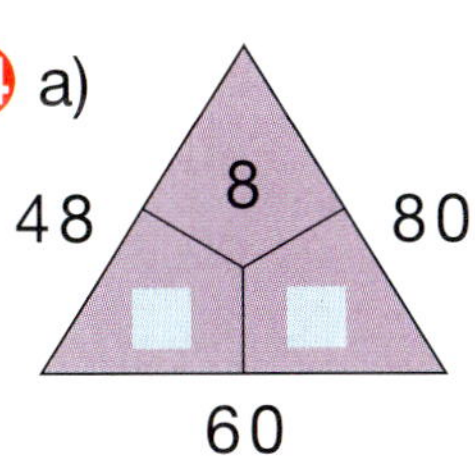

b)
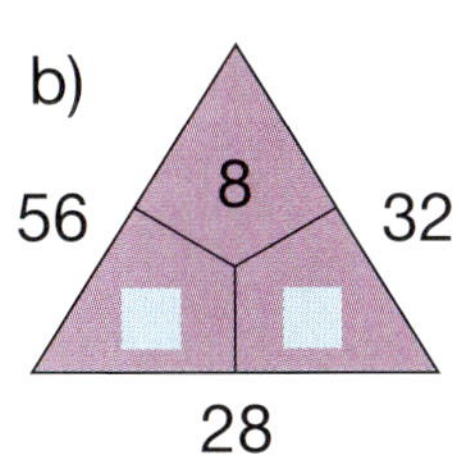

c)
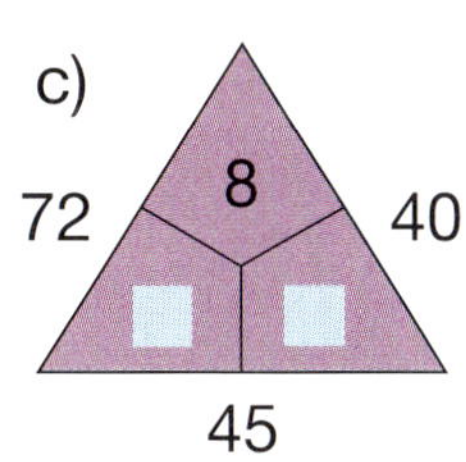

d)
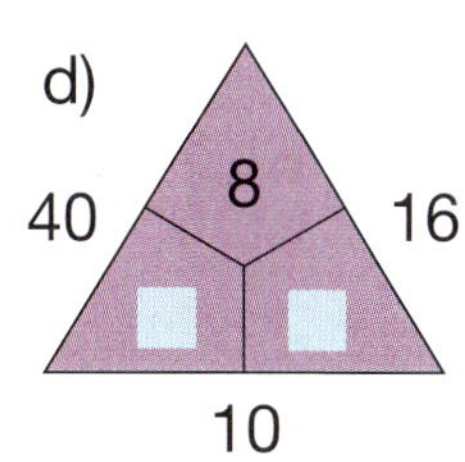

e)
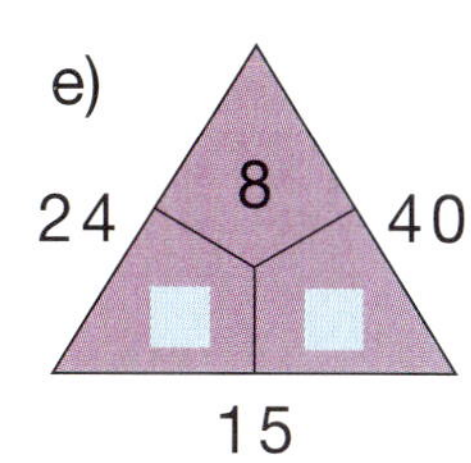

15 < oder > oder =

a)	b)	c)	d)	e)
3 · 4 ○ 20	3 · 8 ○ 40	9 · 8 ○ 60	9 · 8 ○ 80	2 · 8 ○ 10
4 · 4 ○ 20	4 · 8 ○ 40	8 · 8 ○ 60	10 · 8 ○ 80	1 · 8 ○ 10
5 · 4 ○ 20	5 · 8 ○ 40	7 · 8 ○ 60	11 · 8 ○ 80	0 · 8 ○ 10

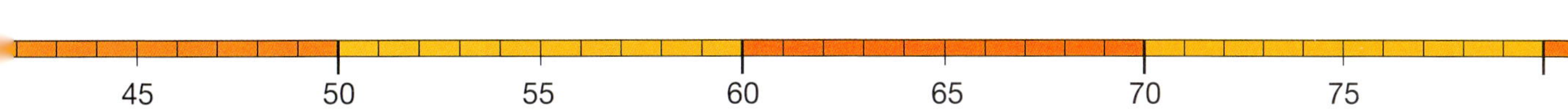

9 Durch Dividieren oder Multiplizieren lösen. **10** Dividieren oder multiplizieren.
c) mit Rest. **14** Dividieren und multiplizieren am Rechendreieck. **15** Vergleichen.

1

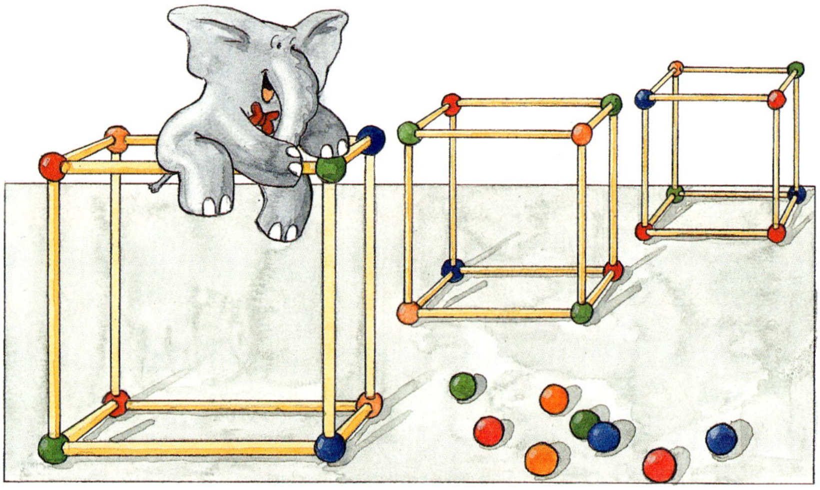

2 Wie viele Würfel können gebaut werden? Male und teile auf.
Mit a) 24 Kugeln b) 32 Kugeln c) 48 Kugeln d) 40 Kugeln
e) 56 Kugeln f) 80 Kugeln g) 64 Kugeln h) 88 Kugeln

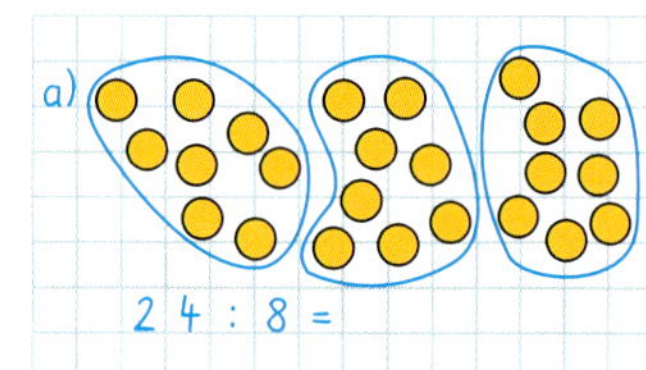

3

4

Würfel	1	2	3	4	6	5	7		
Ecken	8							72	64

5

a)	b)	c)	d)	e)	f)
9 · 8	1 · 8	10 · 8	9 · 4	1 · 4	3 · 5
7 · 8	2 · 8	5 · 8	7 · 4	2 · 4	5 · 5
5 · 8	4 · 8	6 · 8	5 · 4	4 · 4	7 · 5
3 · 8	8 · 8	0 · 8	3 · 4	8 · 4	9 · 5
1 · 8	7 · 8	4 · 8	10 · 4	6 · 4	6 · 5

Fragt euch gegenseitig ab.

6

a) 24 − 8 − 8 = ☐
16 − 8 − 8 = ☐
80 − 8 − 8 = ☐
32 − 8 − 8 = ☐

b) 24 − 8 − 8 − 8 = ☐
64 − 8 − 8 − 8 = ☐
48 − 8 − 8 − 8 = ☐
56 − 8 − 8 − 8 = ☐

32 − 8 − 8 − 8 − 8
4-mal
Rechenvorteil!

7

a)

1 · 8 = ☐

b)

3 · 8 = ☐

c)

☐ · ☐ = ☐

d)

☐ · ☐ = ☐

e)

f)

g)

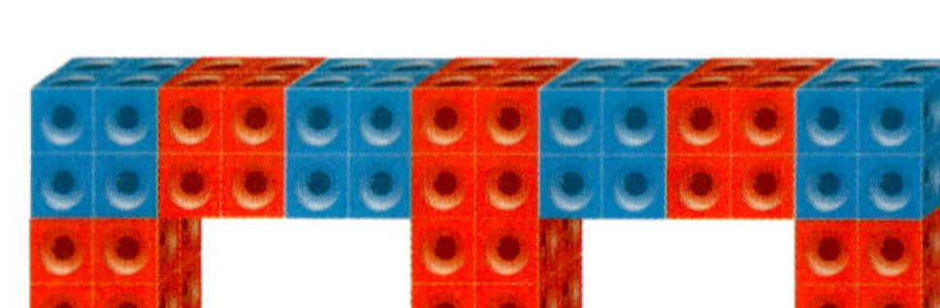

1 Würfelmodelle bauen. Zahl der notwendigen Kugeln berechnen. Diff.: Zahl der Halme. **3** Mit Rest. **5** Zusammenhänge nutzen. **6** Rechenvorteil entdecken. **7** Bauen und multiplizieren. Evtl. auch Teilprodukte für rot und für blau sehen.

Einmaleins mit 2, mit 4 und mit 8

1

ANMELDUNG

9 Uhr 16 Pers. 15 Uhr 24 Pers.

13 Uhr 32 Pers. 17 Uhr 28 Pers.

Welche Boote werden gebraucht?

2

a) 3 · 2 = ☐
3 · 4 = ☐
3 · 8 = ☐

b) 6 · 2 = ☐
6 · 4 = ☐
6 · 8 = ☐

c) 4 · 8 = ☐
4 · 4 = ☐
4 · 2 = ☐

d) 5 · 8 = ☐
5 · 4 = ☐
5 · 2 = ☐

e) 7 · 8 = ☐
7 · 4 = ☐
7 · 2 = ☐

Fällt dir etwas auf?

3

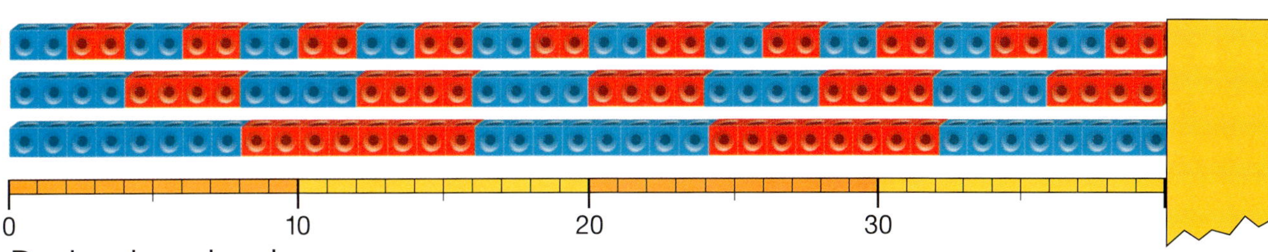

Decke ab und rechne.

4 Welche Rechenzeichen passen?

a) 5 ○ 4 = 9
5 ○ 4 = 20
5 ○ 4 = 1

6 ○ 2 = 3
6 ○ 2 = 4
6 ○ 2 = 12

b) 8 ○ 8 = 16
8 ○ 8 = 64
8 ○ 8 = 0

8 ○ 4 = 2
8 ○ 4 = 32
8 ○ 4 = 12

c) 10 ○ 2 = 20
10 ○ 4 = 40
10 ○ 8 = 18

10 ○ 5 = 50
10 ○ 5 = 15
10 ○ 5 = 2

d) 4 ○ 4 = 16
4 ○ 4 = 1
4 ○ 4 = 8

4 ○ 2 = 2
4 ○ 2 = 6
4 ○ 2 = 8

e) 8 ○ 2 = 16
4 ○ 4 = 16
2 ○ 8 = 16

8 ○ 4 = 12
16 ○ 4 = 12
6 ○ 2 = 12

5 a) b) c) d) e)

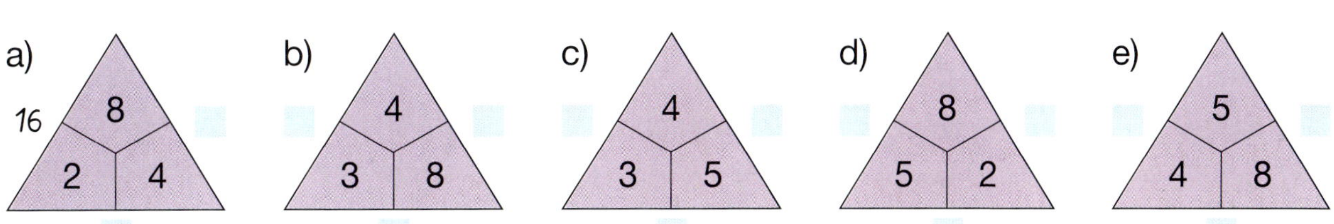

1 Aufteilen für die Achter-, Vierer- oder Zweierboote. Diff.: Achter-, Vierer- oder Zweierboote kombinieren.
2 Verdoppeln und Halbieren. Die Auswirkungen auf das Ergebnis feststellen.
3 Die Zweier-, Vierer- und Achterzahlen aufschreiben. Feststellen, welche Zahlen zu mehreren Mengen gehören.

Segelregatta

1 Vergleiche.

Welches Segelboot ist weiter gesegelt?

Wie weit wird dein Boot wohl segeln? Schätze!

2 Falte dein Segelboot.

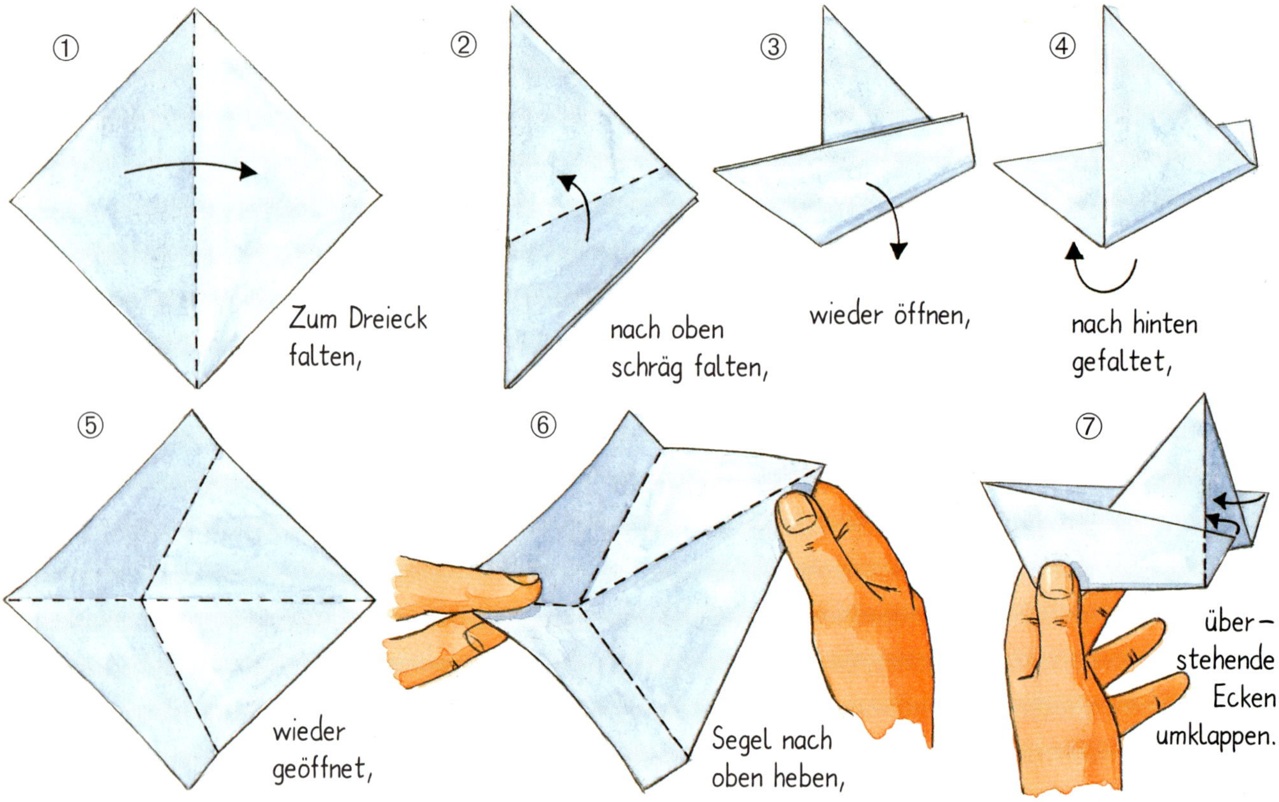

3 Welche Boote sind es?

2 Quadratisches Papier falten. Segelregatta an der Tischgruppe durchführen.
3 Knobelaufgabe: Direktes Vergleichen. Jede Sprechblase gehört zu einem Boot.

Messen

1

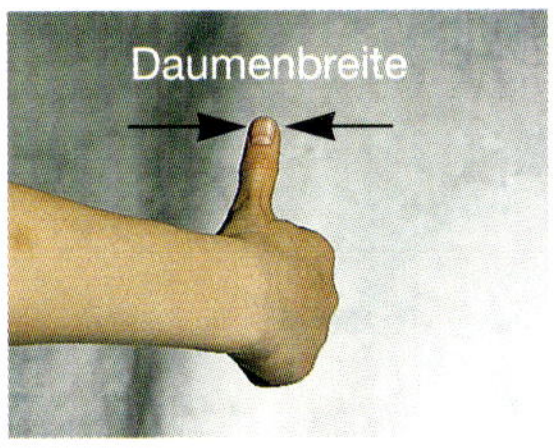

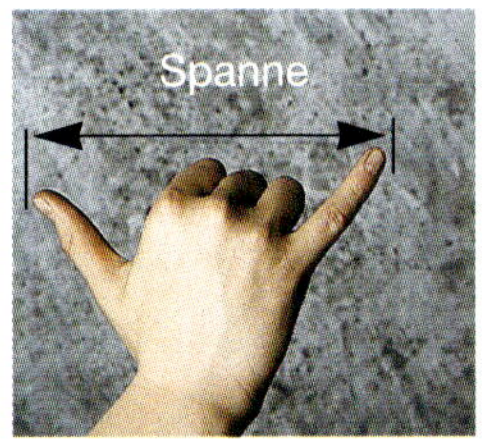

Wähle ein geeignetes Körpermaß. Miss ab.

a) Eine Tischlänge b) Die aufgeklappte Tafel c) Deinen Radiergummi
d) Die Länge deines Körpers e) Deinen Füller f) Dein Mathebuch
g) Die Länge dieser Schnur:

2 Miss zu Hause dein Bett, deinen Schreibtisch, dein Fenster …

3

Turnhalle
Länge: Schritte
Breite: S

Klassenzimmer
Länge: Schritte
Breite: Schritte

Schulhof
Länge: Schritte
Breite: Schritte

Vergleicht. Was fällt euch auf?

Dieses Maß ist überall gleich:

1 Meter 1 m

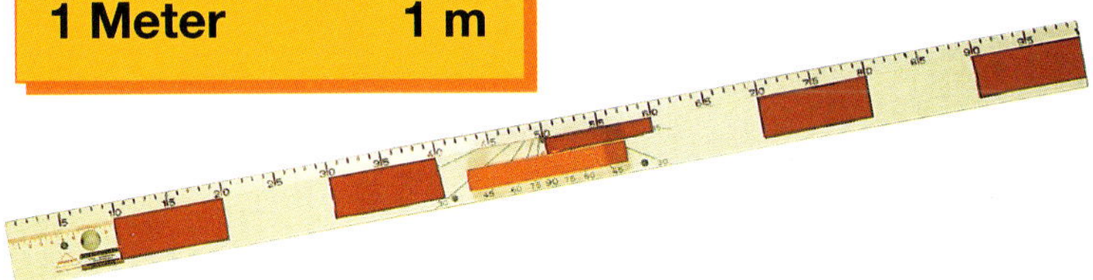

4 Bis wohin reicht der Meterstab bei dir?
Schneide dir eine Meterschnur oder säge dir einen Meterstab.

5 Bitte auf Meter genau messen!

Danach vergleichen!

	Länge	Breite
Turnhalle	36 m	
Klassenzimmer		
Schulhof		

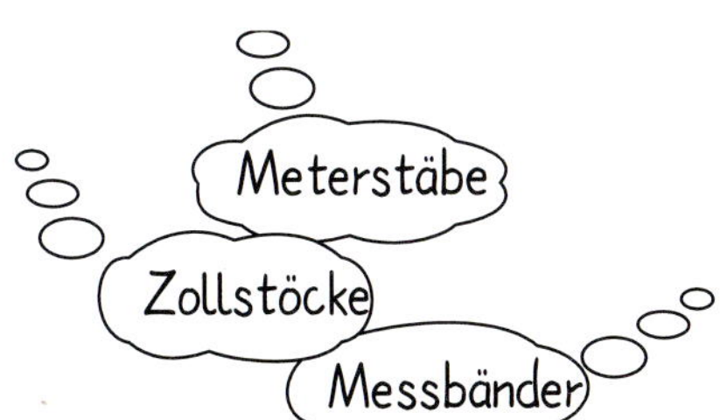

1 und **2** Mit Körpermaßen messen.
3 Gruppenarbeit: Unterschiedliche Schrittlängen feststellen. Ein Einheitsmaß ist notwendig.

Messen mit Zentimeter

Ein Meter ist eingeteilt in 100 Zentimeter.

1 m =100 cm

1 In der zweiten Klasse sind alle Kinder größer als 1 m, aber kleiner als 2 m.
Messt alle Kinder eurer Tischgruppe. Vergleicht.

2

Bestellung SCHUL-STÜHLE		
rot	gelb	lila
1 m 43 cm bis 1 m 57 cm	1m 28 cm bis 1 m 42 cm	1 m 13 cm bis 1 m 27 cm

Welche Stuhlgröße brauchst du?

3

Anne	1 m 45 cm
Drita	1 m 20 cm
Lisa	1 m 28 cm
Mario	1 m 37 cm

Eva	1 m 43 cm
Julian	1 m 21 cm
Marc	1 m 26 cm
Tobias	1 m 42 cm

Jonas	1 m 44 cm
Laura	1 m 29 cm
Lena	1 m 22 cm
Martin	1 m 35 cm

Schreibe die Namen auf. Male immer die Farbe für die Stuhlgröße dazu.

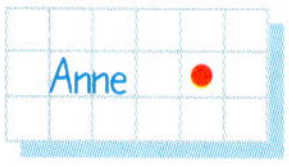

4 Wie lang ist der Radiergummi? Wie kannst du die Länge am besten ablesen?

5

Miss die Länge der Gegenstände.

1 Feststellen, dass die Einheit „Meter" zu grob ist. **4** Bei Null beginnt das Messen.

Messen, Zeichnen und Rechnen

1 Ein Stab wurde für das Mobile in diese 5 Teile zersägt.
Wie lang war der ganze Stab?

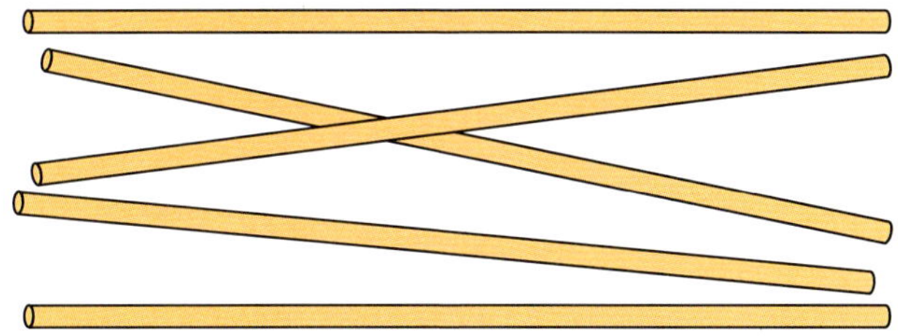

2 Wie lang sind die Streifen? Schätze zuerst.

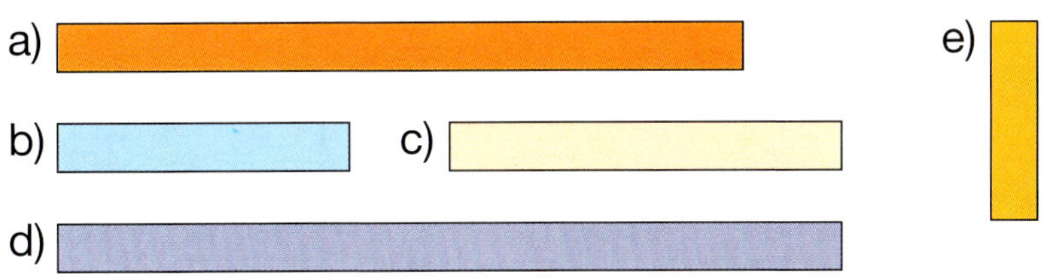

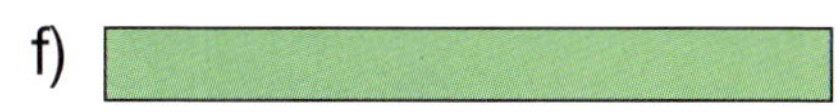

	geschätzt	gemessen
a)	6 cm	

3 Miss die Strecken. Schreibe Plus-Aufgaben dazu.

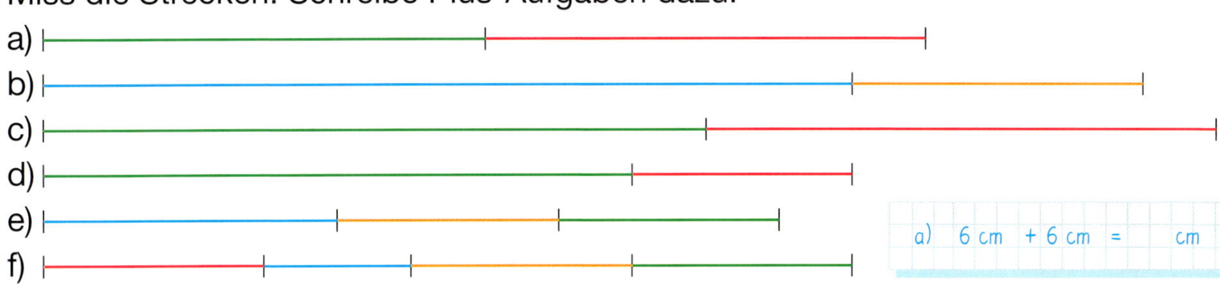

a) 6 cm + 6 cm = cm

4 Zeichne Strecken.

a) 3 cm lang d) 4 cm lang g) 7 cm lang j) 8 cm lang
b) 10 cm lang e) 5 cm lang h) 1 cm lang k) 6 cm lang
c) 2 cm lang f) 12 cm lang i) 9 cm lang l)11 cm lang

5 Zeichne und rechne.

a) 3 cm + 2 cm = e) 8 cm + 2 cm =
b) 5 cm + 5 cm = f) 9 cm + 3 cm =
c) 7 cm + 4 cm = g) 6 cm + 8 cm =
d) 2 cm + 5 cm = h) 3 cm + 9 cm =

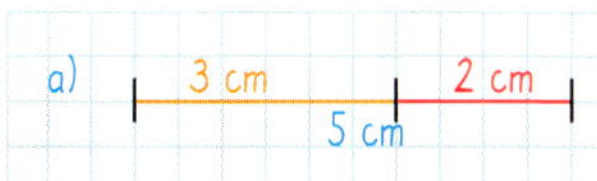

W **6**

a)	b)	c)	d)	e)
12 + 4	15 + 5	13 + 4	16 + 6	14 + 7
12 – 4	15 – 5	13 – 4	16 – 6	14 – 7
12 + 8	15 + 7	13 + 8	16 + 8	14 + 9
12 – 8	15 – 7	13 – 8	16 – 8	14 – 9
12 – 9	15 – 8	13 – 9	16 – 7	14 – 8

1 Mobile basteln. Rundhölzer und Wollreste verwenden.

Aufgaben der Kinder

1 Die Klasse 2b hat sich Aufgaben ausgedacht.

A Mein Lesebuch
☐ cm lang
☐ cm breit

B Wie groß ist meine Lehrerin?

C Mein Tisch
☐ cm lang
☐ cm breit
☐ cm hoch

D Wie lang ist mein Bleistift?

E Mein Mathebuch
☐ cm lang
☐ cm breit

F Wie lang ist ein Stück Kreide?

G Ich habe von einem 1 m langen Stab ein Stück mit 70 cm abgesägt.
Wie lang ist der Rest?

H Ich lege an den 25 cm langen Stab den 21 cm langen Stab.
Wie lang sind die beiden Stäbe zusammen?

I Ich zersäge den 1 m langen Stab in 4 gleiche Teile.
Wie lang ist ein Teil?

J Ich habe von einem 1 m langen Stab ein Stück von 20 cm und ein Stück von 30 cm abgesägt.
Wie lang ist das restliche Stück?

K Ich lege drei Stäbe aneinander. Sie sind zusammen 1 m lang.
Welche Stäbe können es sein?

L Wie viel fehlt an 1 Meter?
30 cm + ☐ cm = 1 m
50 cm + ☐ cm = 1 m
20 cm + ☐ cm = 1 m
60 cm + ☐ cm = 1 m

M Zersäge einen 1-m-Stab in gleich große Stücke.
Wie lang ist jedes Stück?

2 Das Auto ist | Der Papierkorb ist | Die Tür ist | ungefähr 2 m hoch. | niedriger als 1 m. | kürzer als 5 m.

3 Die Tür ist | Die Turnhalle ist | Die aufgeklappte Tafel ist | Der Tisch ist | niedriger als 1 m. | länger als 20 m. | 4 m breit. | ungefähr 1 m breit.

1 Aus dem Aufgabenangebot der Kinder auswählen. K und M: Viele Lösungen.
2 und **3** Richtige Sätze schreiben.

Messen und Zeichnen

1 Miss und zeichne ab.

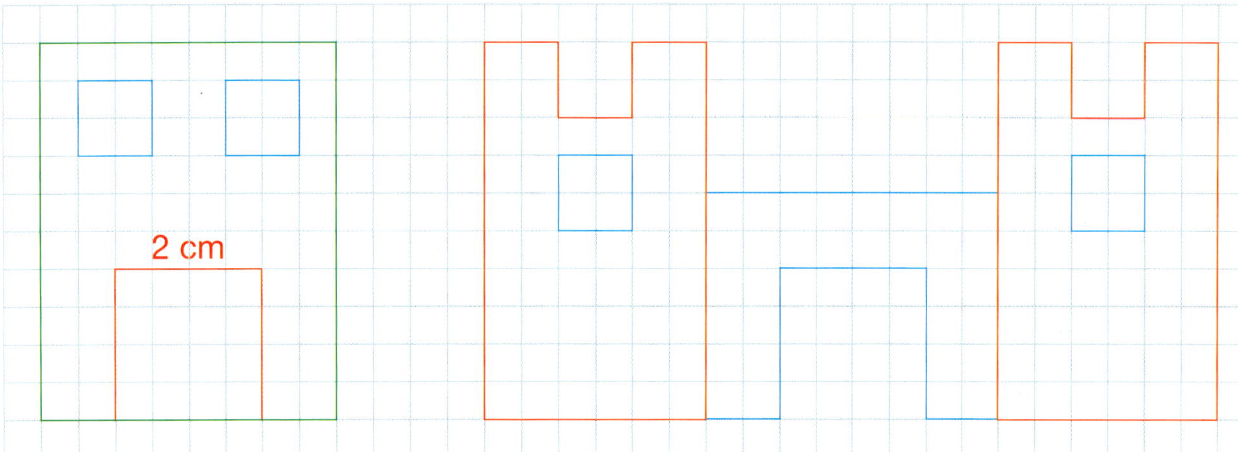

2 Zeichne das Musterband ab.

3 Zeichne die Figuren.

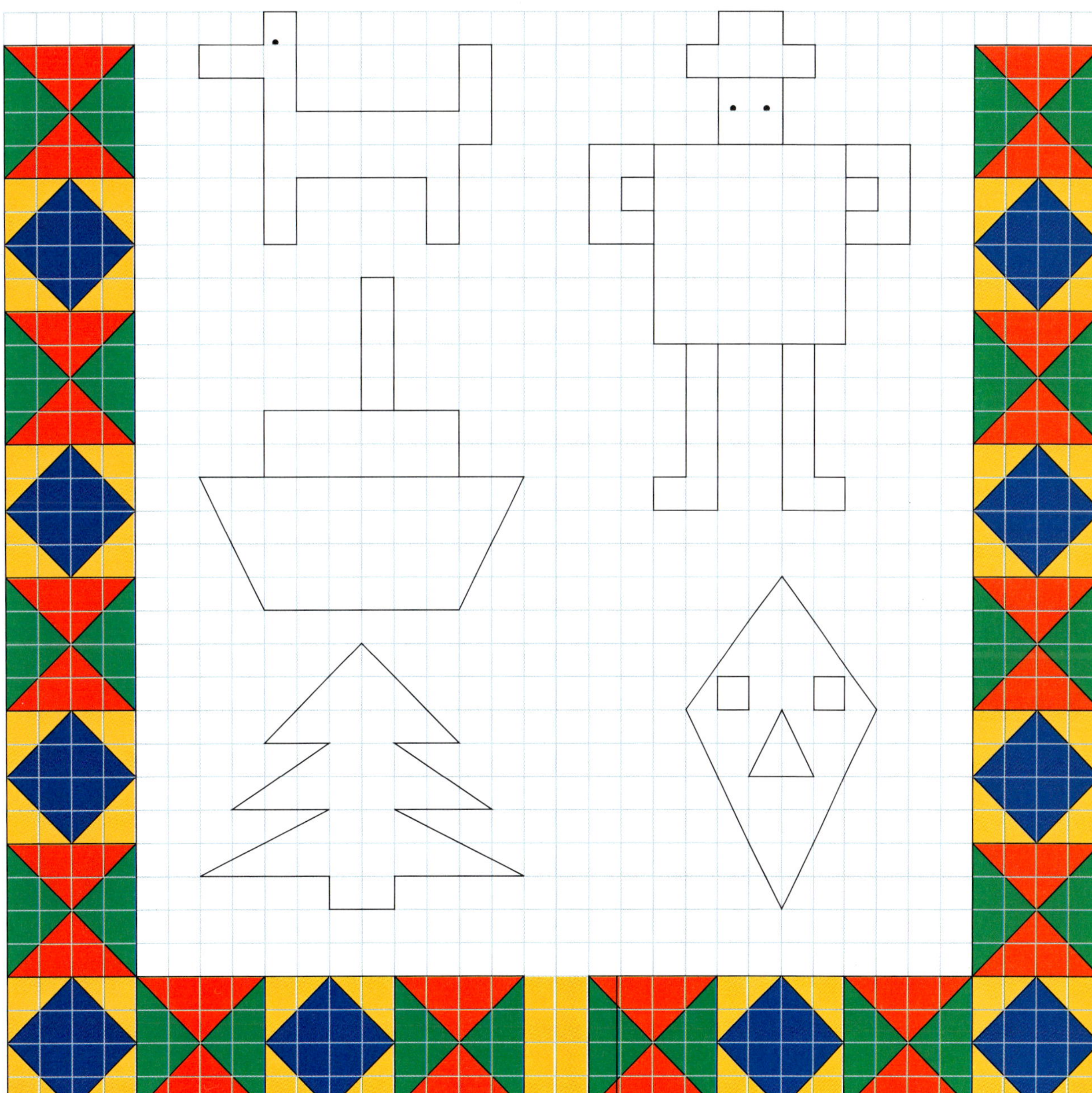

2 Musterband ins Heft übertragen. **3** Diff.: Eigene Figuren zeichnen und messen.

W Wiederholung

1 49 + 17 + 11

Schwere Aufgabe?

Ich vertausche die Zahlen.

49 + 11 + 17
60 + 17 =

+1 −1

Ich gleiche aus.

49 + 11 + 17
50 + 10 + 17

2 Mit vollen Zehnerzahlen geht es leichter.

49 + 1 + 4

a)	b)	c)
49 + 4 + 1 =	19 + 36 + 1 =	36 + 22 + 14 =
35 + 9 + 5 =	38 + 47 + 2 =	24 + 15 + 25 =
18 + 8 + 2 =	15 + 26 + 5 =	19 + 18 + 11 =
43 + 8 + 7 =	24 + 17 + 3 =	46 + 34 + 16 =
52 + 9 + 8 =	48 + 12 + 5 =	37 + 11 + 33 =

28 44 46 48 49 54 56 58 64 65 69 72 81 87 96

3 45 − 8 − 15

45 − 15 − 8
30 − 8 =

4

a)	b)	c)
75 − 9 − 5 =	46 − 16 − 25 =	73 − 24 − 23 =
95 − 7 − 5 =	76 − 17 − 16 =	92 − 35 − 22 =
65 − 8 − 5 =	84 − 15 − 14 =	64 − 34 − 21 =
35 − 6 − 5 =	54 − 25 − 14 =	85 − 27 − 25 =
55 − 7 − 5 =	57 − 27 − 18 =	93 − 26 − 23 =

5 9 12 15 24 26 33 35 43 43 44 52 55 61 83

7 + 53 + 22 + 8

5

a)	b)	c)
27 + 15 + 3 + 5 =	26 + 15 + 4 + 5 =	7 + 22 + 53 + 8 =
42 + 25 + 8 + 5 =	43 + 12 + 7 + 8 =	9 + 17 + 13 + 1 =
33 + 18 + 7 + 2 =	37 + 13 + 8 + 2 =	4 + 5 + 66 + 15 =
61 + 26 + 9 + 4 =	19 + 47 + 1 + 3 =	8 + 9 + 21 + 32 =
24 + 36 + 2 + 8 =	22 + 25 + 8 + 5 =	3 + 7 + 16 + 14 =

40 40 50 50 60 60 60 70 70 70 70 80 90 90 100

6 Erfinde zu jedem Ergebnis drei Minus-Aufgaben.

a) 55 b) 66 c) 44 d) 33 77

a) 60 − 5 = 55
80 − 20 − 5 = 55
63 − 8 = 55

7

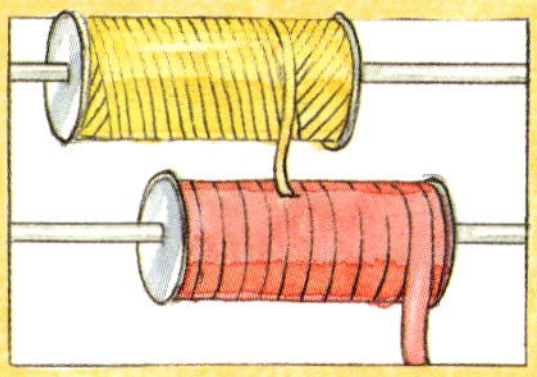

Wie viel ist übrig?

a) Von 60 m Geschenkband wurden verkauft: 7 m, 12 m und 5 m.

b) Von 33 m Schleifenband wurden 8 m und 13 m verkauft.

c) 43 m Kräuselband waren auf der Rolle.
Gestern wurden 23 m verkauft, heute 18 m.

1

Erzähle – frage – rechne.

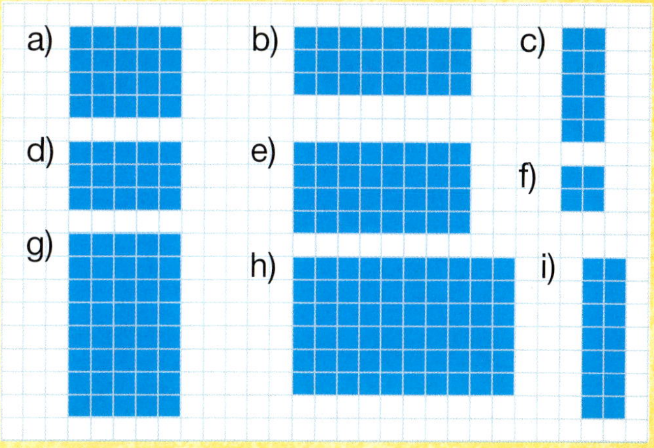

2 Schreibe Malaufgaben.

3

a) 16 = □ · 2
32 = □ · 4
32 = □ · 8
64 = □ · 8

b) 16 = □ · 8
16 = □ · 4
24 = □ · 8
24 = □ · 4

c) 60 = □ · 10
40 = □ · 10
40 = □ · 5
20 = □ · 2

d) 45 = □ · 5
36 = □ · 4
14 = □ · 2
28 = □ · 4

4 Rechne aus. Schreibe auch die Umkehraufgabe.

a) 12 : 4 = □
24 : 4 = □
36 : 4 = □

b) 45 : 5 = □
35 : 5 = □
25 : 5 = □

c) 12 : 2 = □
10 : 2 = □
20 : 2 = □

d) 80 : 8 = □
8 : 8 = □
40 : 8 = □

5

a) 10 ◯ 4 = 40
10 ◯ 4 = 6
10 ◯ 4 = 14
10 ◯ 5 = 5
10 ◯ 5 = 15
10 ◯ 5 = 50

b) 8 ◯ 2 = 4
8 ◯ 2 = 16
8 ◯ 2 = 10
8 ◯ 4 = 32
8 ◯ 4 = 2
8 ◯ 4 = 12

c) 4 ◯ 2 = 2
4 ◯ 2 = 8
4 ◯ 2 = 6
4 ◯ 4 = 1
4 ◯ 4 = 0
4 ◯ 4 = 16

d) 2 ◯ 8 = 16
16 ◯ 4 = 4
6 ◯ 2 = 12
10 ◯ 5 = 2
6 ◯ 2 = 3
5 ◯ 5 = 25

6

a) 40 —: 5→ □ —: 2→ □ —· 4→ □ —+ 14→ □ —: 10→ □ —· 2→ □ —· 8→ □ —+ 12→ 60

b) 1 —· 10→ □ —· 8→ □ —− 30→ □ —: 10→ □ —· 4→ □ —− 6→ □ —: 2→ □ —: 7→ 1

7

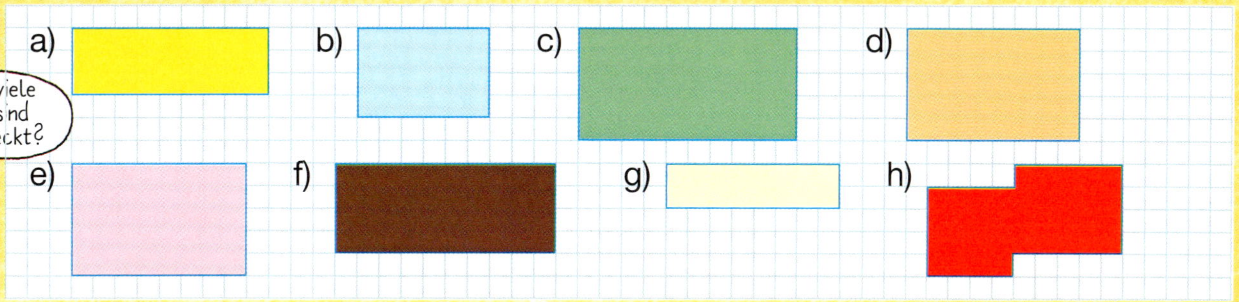

1 Anna verteilt 24 Karten.

Jedes Kind bekommt ▢ Karten.

2 a)

15 : ▢ = ▢

b)

15 : ▢ = ▢

3 Vier Kinder spielen. Verteile.

a) 20 Karten b) 16 Karten c) 24 Karten
d) 36 Karten e) 12 Karten f) 30 Karten

a) Wie viele Karten bekommt jedes Kind?
20 : 4 =
Jedes Kind bekommt   Karten.

4 Wie viele Karten bekommt jedes Kind?

a) Verteile 12 Karten an 2 Kinder.
Verteile 12 Karten an 4 Kinder.

b) Verteile 8 Karten an 2 Kinder.
Verteile 8 Karten an 4 Kinder.

c) Verteile 30 Karten an 5 Kinder.
Verteile 30 Karten an 10 Kinder.

d) Verteile 20 Karten an 5 Kinder.
Verteile 20 Karten an 2 Kinder.

e) Verteile 40 Karten an 8 Kinder.
Verteile 40 Karten an 10 Kinder.

f) Verteile 32 Karten an 8 Kinder.
Verteile 32 Karten an 4 Kinder.

5

a) 10 : 5 = ▢	b) 20 : 5 = ▢	c) 30 : 5 = ▢	d) 40 : 5 = ▢
10 : 2 = ▢	20 : 4 = ▢	30 : 10 = ▢	40 : 8 = ▢
e) 20 : 10 = ▢	f) 100 : 10 = ▢	g) 40 : 10 = ▢	h) 50 : 10 = ▢
20 : 2 = ▢	90 : 10 = ▢	40 : 4 = ▢	50 : 5 = ▢
i) 24 : 4 = ▢	j) 25 : 5 = ▢	k) 16 : 4 = ▢	l) 32 : 8 = ▢
24 : 8 = ▢	5 : 5 = ▢	16 : 8 = ▢	32 : 4 = ▢

W **6** a)

b)

1 bis 4 Karten gleichmäßig verteilen. Divisionsaufgaben schreiben. Zur Probe die Malaufgabe rechnen. 3 f) mit Rest.

Dividieren

1

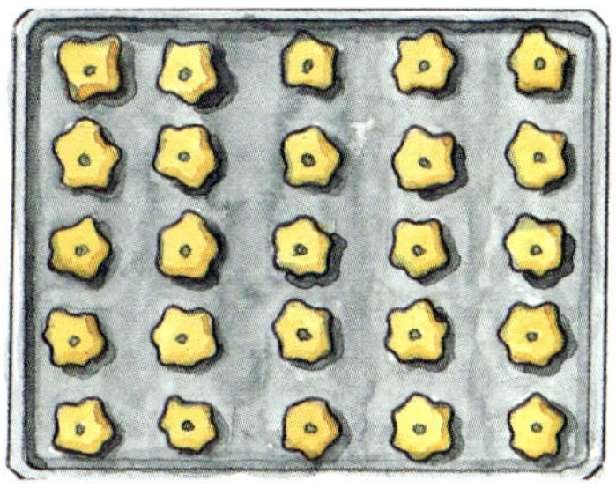

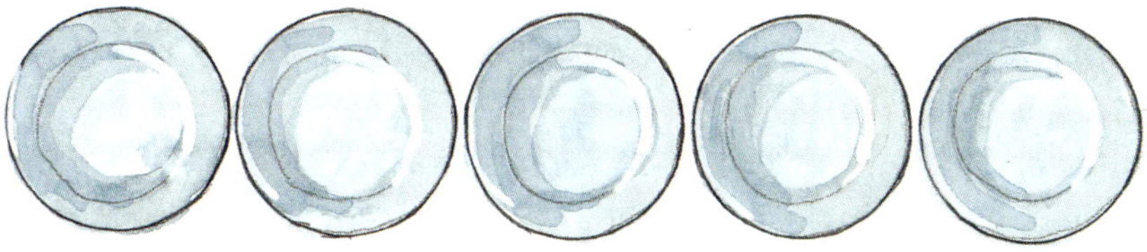

Verteile die Plätzchen gleichmäßig.

2

a) Die Kinder haben sich Rechengeschichten ausgedacht.

b) Kannst du noch weitere Rechengeschichten schreiben?

3 Verteile die Kekse gleichmäßig. Wie viele Möglichkeiten findest du?

a) 

b) 

c) 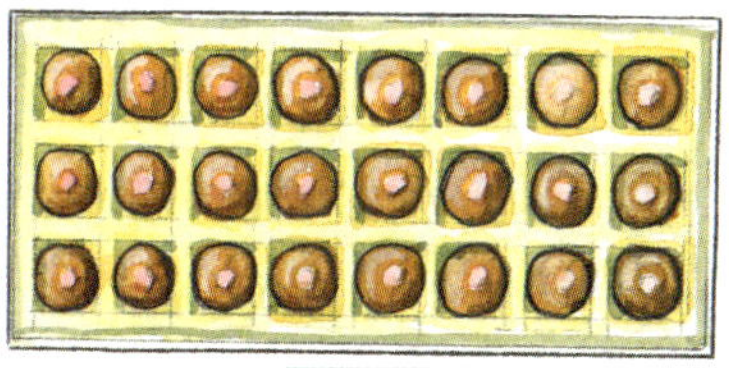

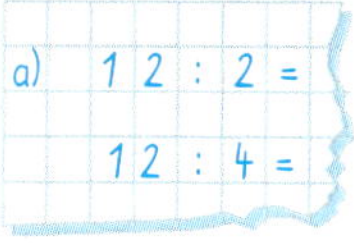

4 Erfinde Rechengeschichten.

a) 8 : 4 = ☐ b) 18 : 2 = ☐ c) 15 : 5 = ☐ d) 20 : 10 = ☐

e) 24 : 4 = ☐ f) 45 : 5 = ☐ g) 28 : 4 = ☐ h) 5 : 5 = ☐

5

a)	b)	c)	d)	e)
40 : 4 = ☐	16 : 2 = ☐	20 : 2 = ☐	8 : 4 = ☐	10 : 10 = ☐
40 : 8 = ☐	16 : 4 = ☐	20 : 5 = ☐	8 : 2 = ☐	10 : 5 = ☐
40 : 5 = ☐	16 : 8 = ☐	20 : 10 = ☐	8 : 1 = ☐	10 : 2 = ☐

6

a)	b)	c)	d)
4 : ☐ = ☐	24 : ☐ = ☐	40 : ☐ = ☐	18 : ☐ = ☐
12 : ☐ = ☐	28 : ☐ = ☐	30 : ☐ = ☐	15 : ☐ = ☐
16 : ☐ = ☐	32 : ☐ = ☐	20 : ☐ = ☐	6 : ☐ = ☐
20 : ☐ = ☐	36 : ☐ = ☐	10 : ☐ = ☐	2 : ☐ = ☐

W **7** a) 

b) 

1 bis 3 Divisionsaufgabe schreiben. 6 Offene Aufgaben.

Einmaleins mit 3

1 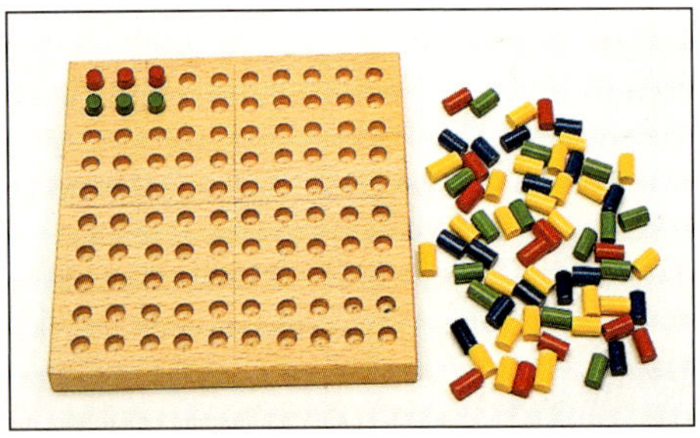

Stecke und rechne.

0 · 3 = 0	4 · 3 = ___	8 · 3 = ___
1 · 3 = ___	5 · 3 = ___	9 · 3 = ___
2 · 3 = ___	6 · 3 = ___	10 · 3 = ___
3 · 3 = ___	7 · 3 = ___	

2 Welche bekannten Aufgaben helfen?

Einmaleins mit 10
Einmaleins mit 5
Einmaleins mit 2
1 · 2 = ☐
2 · 2 = ☐
3 · 2 = ☐
4 · 2 = ☐

Einmaleins mit 4
Einmaleins mit 8
1 · 8 = ☐
2 · 8 = ☐
3 · 8 = ☐
4 · 8 = ☐
5 · 8 = ☐

3 Einmaleins mit 3
1 · 3 = ☐
2 · 3 = ☐
3 · 3 = ☐
4 · 3 = ☐
5 · 3 = ☐

6 · 3 = ☐
7 · 3 = ☐
8 · 3 = ☐
9 · 3 = ☐
10 · 3 = ☐

4 Verdoppeln, Halbieren, Nachbaraufgaben.

a)	b)	c)	d)	e)
1 · 3 = ___	10 · 3 = ___	5 · 3 = ___	10 · 3 = ___	3 · 3 = ___
2 · 3 = ___	5 · 3 = ___	4 · 3 = ___	9 · 3 = ___	6 · 3 = ___
4 · 3 = ___	6 · 3 = ___	3 · 3 = ___	8 · 3 = ___	8 · 3 = ___
8 · 3 = ___	7 · 3 = ___	2 · 3 = ___	7 · 3 = ___	4 · 3 = ___

5 a) Mit wem möchtest du schwimmen gehen?
b) Schreibe selbst Aufgabentexte für deine Partner.

Wie viel kosten die Karten?

6

a)	b)	c)	d)	e)
6 : 3 = ___	30 : 3 = ___	18 : 3 = ___	15 : 5 = ___	12 : 4 = ___
12 : 3 = ___	15 : 3 = ___	9 : 3 = ___	15 : 3 = ___	12 : 3 = ___
24 : 3 = ___	6 : 3 = ___	24 : 3 = ___	24 : 8 = ___	6 : 2 = ___
27 : 3 = ___	3 : 3 = ___	21 : 3 = ___	24 : 3 = ___	6 : 3 = ___

7

a)	b)	c)	d)	e)
30 = ___ · 3	9 = ___ · 3	24 = ___ · 3	30 = ___ · 5	24 = ___ · 8
21 = ___ · 3	3 = ___ · 3	15 = ___ · 3	15 = ___ · 5	6 = ___ · 2
18 = ___ · 3	6 = ___ · 3	27 = ___ · 3	12 = ___ · 4	56 = ___ · 7
12 = ___ · 3	0 = ___ · 3	21 = ___ · 3	20 = ___ · 4	20 = ___ · 5

8 Schreibe die Mal-Aufgaben auf.

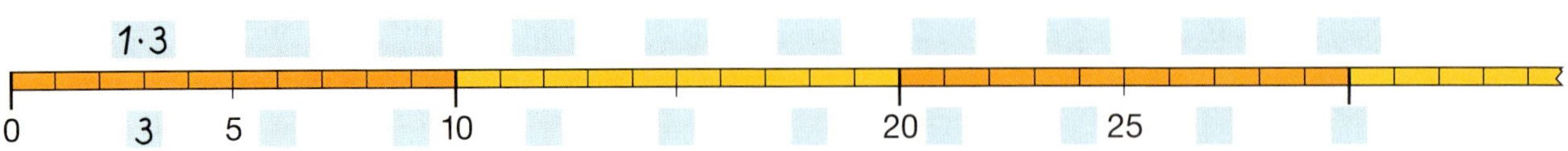

1 Partnerarbeit: Immer 3 Stecker mehr stecken oder Steckwürfel legen. Die Mal-Aufgaben dazu schreiben.
Diff.: Über 10 · 3 hinausgehen. **6** Zur Probe die Umkehraufgabe rechnen.

Einmaleins mit 3

1

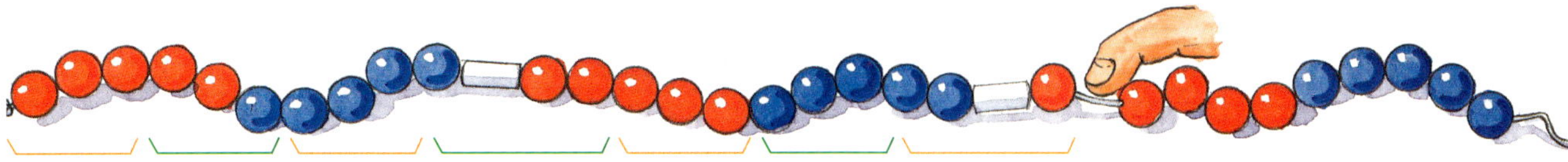

3 + 3 + 3 + 3 + 3 + 3 + 3 = ☐

Malnehmen an der Kette. ☐ · 3 = ☐

2 Wie oft?

a)	b)	c)	d)	e)
☐ · 3 = 30	☐ · 3 = 21	☐ · 4 = 24	☐ · 5 = 30	☐ · 4 = 12
☐ · 3 = 15	☐ · 3 = 18	☐ · 3 = 24	☐ · 3 = 30	☐ · 3 = 12
☐ · 3 = 24	☐ · 3 = 27	☐ · 5 = 15	☐ · 2 = 6	☐ · 10 = 30
☐ · 3 = 12	☐ · 3 = 9	☐ · 3 = 15	☐ · 3 = 6	☐ · 3 = 30
☐ · 3 = 0	☐ · 3 = 6	☐ · 3 = 27	☐ · 3 = 18	☐ · 3 = 21

3 Wie viel Euro sind es?

a)

3 € + 3 € + 3 € + 3 € = ☐ €

☐ · 3 € = ☐ €

b)

3 € + 3 € + 3 € + 2 € = ☐ €

☐ · 3 € + 2 € = ☐ €

4 Auf ins Spaß-Bad!

a) Frau Behr bezahlt die Karten für 4 Kinder und eine für sich.

b) Für 6 Kinder und eine Erwachsene müssen Karten gekauft werden.

a) Wie viel kostet der Eintritt?

· 3 € + 5 € = €

Der Eintritt kostet €.

5

a)	b)	c)	d)
3 · 3 + 1 = ☐	5 · 3 + 4 = ☐	8 · 3 + 2 = ☐	9 · 3 + 2 = ☐
2 · 3 + 4 = ☐	5 · 3 + 5 = ☐	8 · 3 + 4 = ☐	9 · 3 + 1 = ☐
1 · 3 + 7 = ☐	7 · 3 + 8 = ☐	6 · 3 + 2 = ☐	4 · 3 + 3 = ☐

10 10 10 15 19 20 20 26 28 28 29 29

6

a)	b)	c)	d)
5 · 3 + ☐ = 20	9 · 3 + ☐ = 30	4 · 3 + ☐ = 15	7 · 3 + ☐ = 25
6 · 3 + ☐ = 20	7 · 3 + ☐ = 30	5 · 3 + ☐ = 15	8 · 3 + ☐ = 25
4 · 3 + ☐ = 20	8 · 3 + ☐ = 30	3 · 3 + ☐ = 15	6 · 3 + ☐ = 25
3 · 3 + ☐ = 20	10 · 3 + ☐ = 30	2 · 3 + ☐ = 15	5 · 3 + ☐ = 25

0 0 1 2 3 3 4 5 6 6 7 8 9 9 10 11

7

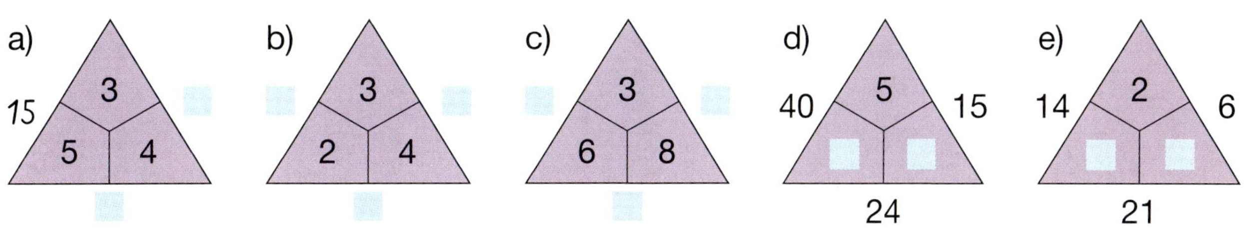

Einmaleins mit 3

1 Wie viele Stäbchen brauchst du für die einzelnen Figuren?

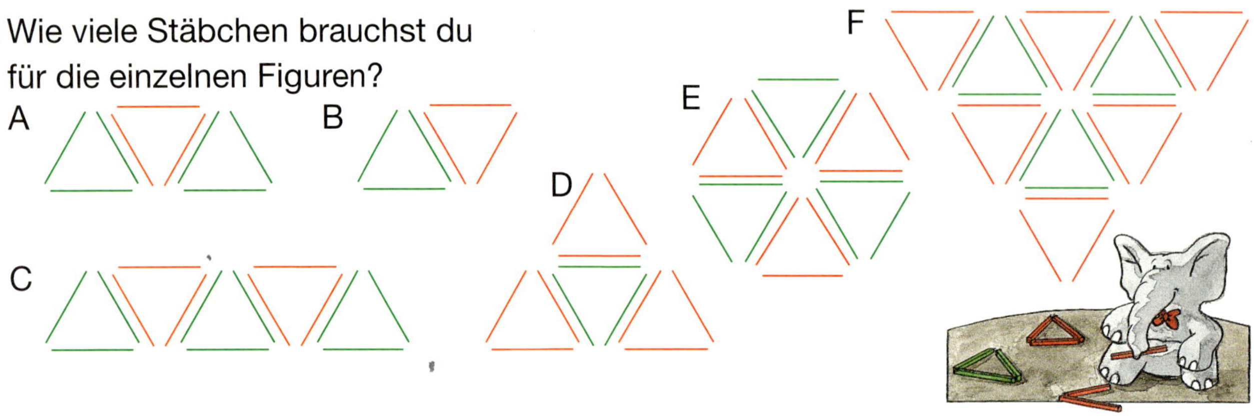

2 Wie viele Stäbchen brauchst du? Für

a) 4 Dreiecke b) 10 Dreiecke c) 2 Dreiecke
d) 5 Dreiecke e) 9 Dreiecke f) 6 Dreiecke
g) 3 Dreiecke h) 7 Dreiecke i) 8 Dreiecke

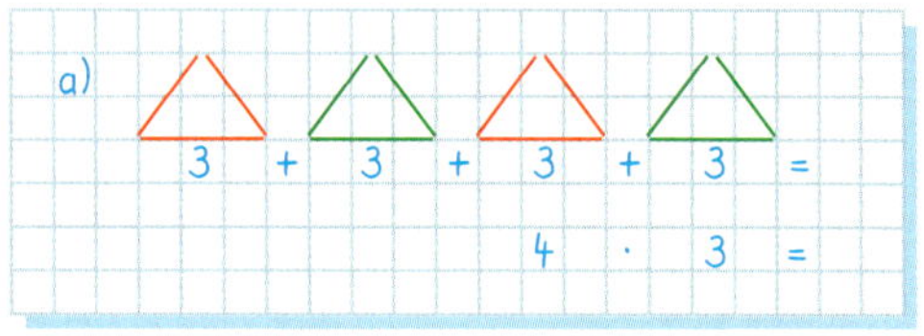

3 Wie viele Dreiecke kannst du legen? Aus

a) 12 Stäbchen b) 6 Stäbchen c) 24 Stäbchen
d) 18 Stäbchen e) 15 Stäbchen f) 9 Stäbchen
g) 27 Stäbchen h) 21 Stäbchen i) 30 Stäbchen

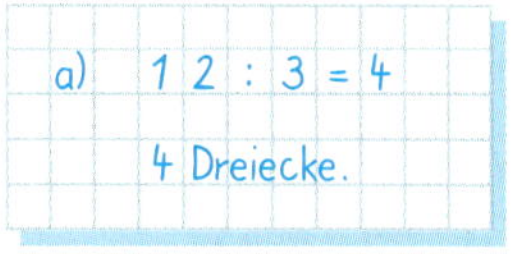

4

a)	b)	c)	d)	e)
5 · 3 =	7 · 3 =	8 · 3 + 6 =	10 · 3 + 5 =	8 · 3 + 4 =
9 · 3 =	2 · 3 =	6 · 3 + 2 =	3 · 3 + 5 =	4 · 3 + 4 =
6 · 3 =	8 · 3 =	4 · 3 + 8 =	9 · 3 + 5 =	7 · 3 + 4 =
4 · 3 =	3 · 3 =	7 · 3 + 9 =	6 · 3 + 5 =	0 · 3 + 4 =
10 · 3 =	0 · 3 =	9 · 3 + 4 =	0 · 3 + 5 =	5 · 3 + 4 =

5 a)

Fünferzahlen	5	10					
Zweierzahlen	2	4	6				
	3	6					

b)

Achterzahlen	8	16	24				
Fünferzahlen	5	10	15				
	3						

6

7

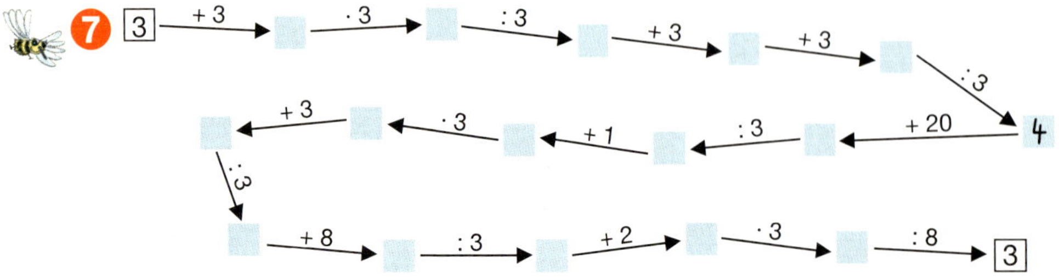

8

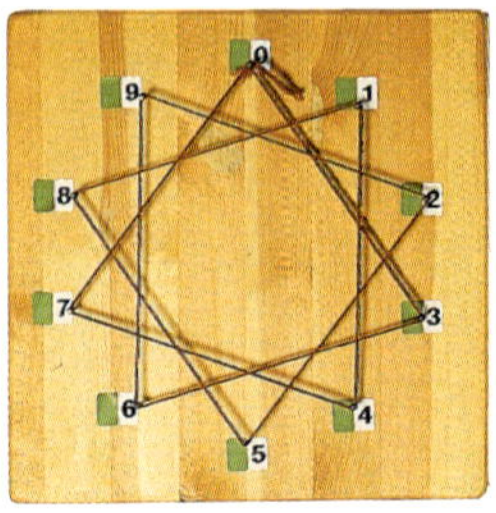

1 und **2** Legen und multiplizieren. **5** Feststellen, dass durch Subtrahieren die Dreierreihe entsteht.
6 und **7** Rechenkette: Alle vier Rechenarten mit der Zahl 3.

1 **5 · 6**

Wie rechnest du diese Aufgabe?

Das Doppelte von 5 · 3

Die Hälfte von 10 · 6

Ich kenne die Tauschaufgabe: 6 · 5

5 Sechser in der Hundertertafel suchen.

2

Einmaleins mit 10

Einmaleins mit 5

Einmaleins mit 2

1 · 2 = ☐
2 · 2 = ☐
3 · 2 = ☐
4 · 2 = ☐
5 · 2 = ☐
6 · 2 = ☐

Einmaleins mit 4

Einmaleins mit 8

Einmaleins mit 3

1 · 3 = ☐
2 · 3 = ☐
3 · 3 = ☐
4 · 3 = ☐
5 · 3 = ☐
6 · 3 = ☐

Einmaleins mit 6

1 · 6 =
2 · 6 =
3 · 6 =
4 · 6 =
5 · 6 =
6 · 6 =
7 · 6 =
8 · 6 =
9 · 6 =
10 · 6 =

3

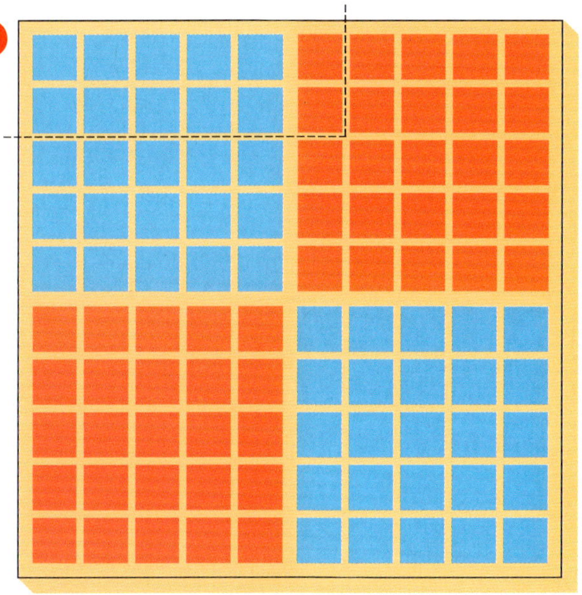

Rechne am Hunderterfeld.

2 · 6 =	0 · 3 =
5 · 6 =	1 · 3 =
1 · 6 =	2 · 3 =
3 · 6 =	3 · 3 =
6 · 6 =	4 · 3 =
4 · 6 =	5 · 3 =
7 · 6 =	6 · 3 =
9 · 6 =	7 · 3 =
0 · 6 =	8 · 3 =
8 · 6 =	9 · 3 =
10 · 6 =	10 · 3 =

Decke ab und rechne.

4 Zeichne. Schreibe Aufgaben mit diesen Ergebnissen.

a) 12 b) 24 c) 18 d) 30 e) 36 f) 42

g) 54 h) 60 i) 6 j) 48 k) 66

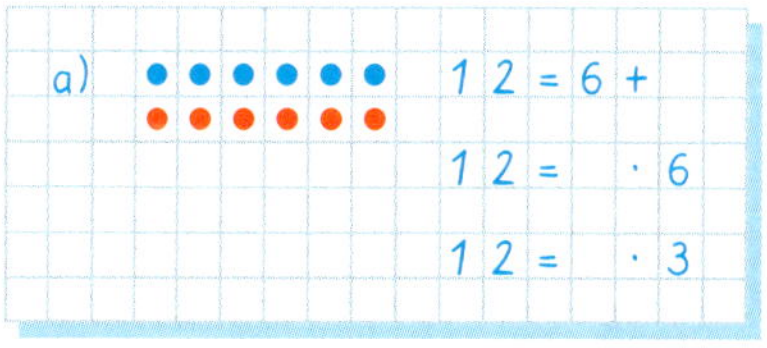

5

Ameisen	4	2	8	10	9	5	3	6	7
Beine	24								

·6

6

Beine	30	36	12	18	60	24	42	48	54
Ameisen	5								

:6

7

a) 18 – 6 – 6 =
12 – 6 – 6 =

b) 24 – 6 – 6 – 6 =
30 – 6 – 6 – 6 =

c) 60 – 6 – 6 – 6 – 6 – 6 =
30 – 6 – 6 – 6 – 6 – 6 =

1 und 2 Über bereits bekannte Tauschaufgaben und andere Vorkenntnisse die Einmaleinsaufgaben mit 6 erarbeiten.
3 Im Hunderterfeld durch Abdecken die Lösungen finden. 7 Rechenvorteil nutzen.

Einmaleins mit 6

1 Klasse 2a will mit 24 Personen fahren.
Wie viele Abteile kann sie voll besetzen?

2 Klasse 2b möchte mit 25 Kindern und
5 Erwachsenen fahren.

3 Der Zugbegleiter hat in 15 Minuten
8 voll besetze Abteile kontrolliert.

4

a)	b)	c)	d)	e)
_ · 6 = 18	_ · 6 = 54	_ · 6 = 0	_ · 5 = 30	_ · 4 = 16
_ · 6 = 24	_ · 6 = 48	_ · 6 = 6	_ · 5 = 35	_ · 4 = 24
_ · 6 = 30	_ · 6 = 60	_ · 6 = 12	_ · 5 = 25	_ · 4 = 20
_ · 6 = 36	_ · 6 = 42	_ · 6 = 24	_ · 5 = 20	_ · 4 = 32

5

a)	b)	c)	d)	e)
6 : 6 = _	60 : 6 = _	42 : 6 = _	30 : 3 = _	18 : 3 = _
12 : 6 = _	30 : 6 = _	54 : 6 = _	30 : 6 = _	18 : 6 = _
24 : 6 = _	36 : 6 = _	0 : 6 = _	24 : 3 = _	12 : 3 = _
48 : 6 = _	18 : 6 = _	30 : 6 = _	24 : 6 = _	12 : 6 = _
54 : 6 = _	24 : 6 = _	36 : 6 = _	24 : 8 = _	12 : 4 = _

6 Schreibe für jede Sechserzahl mindestens 4 Aufgaben.

a) 6 = _ · _ b) 12 = _ · _ c) 18 = _ · _ d) 24 = _ · _ e) 30 = _ · _

f) 36 = _ · _ g) 42 = _ · _ h) 48 = _ · _ i) 54 = _ · _ j) 60 = _ · _

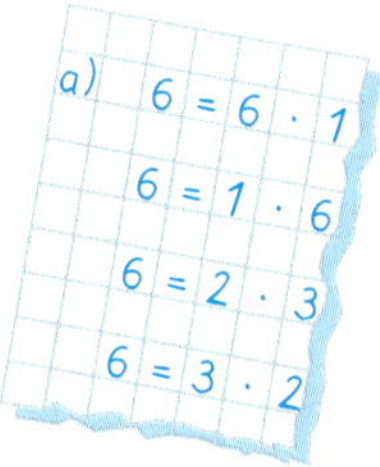

7 Zwischen 8 Uhr und 9 Uhr fuhr der Aufzug
8-mal. Er war jedesmal voll besetzt.

8 Der Aufzug fuhr 6-mal.
Immer war er voll besetzt.

9 30 Personen fahren mit dem Aufzug.
Er ist jedesmal voll besetzt.

10 26 Kinder wollen mit dem Aufzug fahren.

11

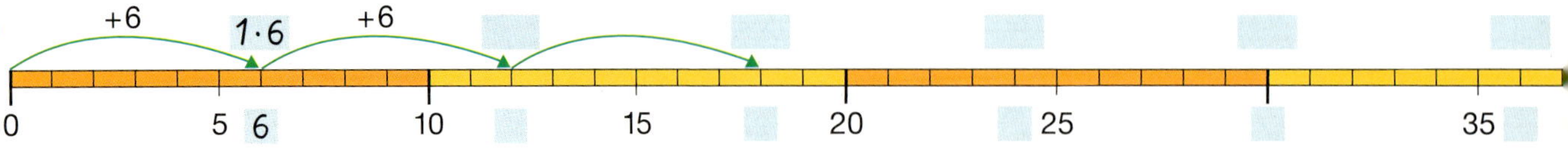

3 Feststellen, dass die Zahl 15 zum Rechnen nicht benötigt wird.
9 und **10** Dividieren oder Multiplizieren. **10** Mit Rest. **11** Im Heft Mal-Aufgaben rechnen. Diff.: Über 60 hinaus.

⓬ Wie viele Stühle braucht man?

a) für 3 Gruppentische b) für 2 Gruppentische
c) für 5 Gruppentische d) für 4 Gruppentische

⓭ Für wie viele Gruppentische reichen sie?

a) 36 Stühle b) 48 Stühle c) 24 Stühle
d) 42 Stühle e) 54 Stühle f) 72 Stühle

⓮

a)	b)	c)	d)	e)
30 = ☐ · 6	6 = ☐ · 6	54 = ☐ · 6	30 = ☐ · 6	24 = ☐ · 6
60 = ☐ · 6	12 = ☐ · 6	42 = ☐ · 6	30 = ☐ · 3	24 = ☐ · 3
18 = ☐ · 6	24 = ☐ · 6	0 = ☐ · 6	18 = ☐ · 6	12 = ☐ · 6
36 = ☐ · 6	48 = ☐ · 6	66 = ☐ · 6	18 = ☐ · 3	12 = ☐ · 3

⓯

a)	b)	c)	d)	e)
7 · 6 + 5 = ☐	3 · 6 + 4 = ☐	8 · 6 + 9 = ☐	6 · 6 + 8 = ☐	3 · 6 + 7 = ☐
3 · 6 + 5 = ☐	5 · 6 + 4 = ☐	10 · 6 + 9 = ☐	4 · 6 + 8 = ☐	9 · 6 + 7 = ☐
8 · 6 + 5 = ☐	9 · 6 + 4 = ☐	7 · 6 + 9 = ☐	8 · 6 + 8 = ☐	2 · 6 + 7 = ☐
6 · 6 + 5 = ☐	4 · 6 + 4 = ☐	3 · 6 + 9 = ☐	5 · 6 + 8 = ☐	4 · 6 + 7 = ☐
9 · 6 + 5 = ☐	2 · 6 + 4 = ☐	5 · 6 + 9 = ☐	7 · 6 + 8 = ☐	0 · 6 + 7 = ☐

7 16 19 22 23 25 27 28 31 32 34 38 39 41 44 47 50 51 53 56 57 58 59 61 69

⓰ Wie viele Dreiecke sind in jeder Figur?

a)

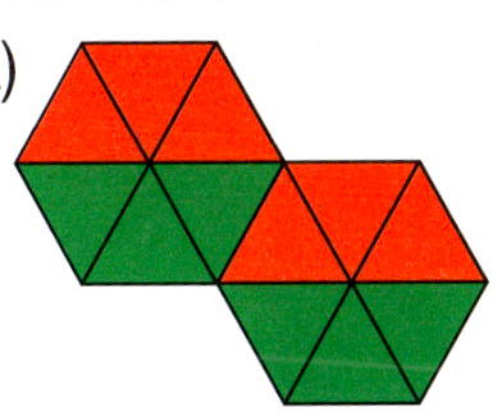

b)

c)

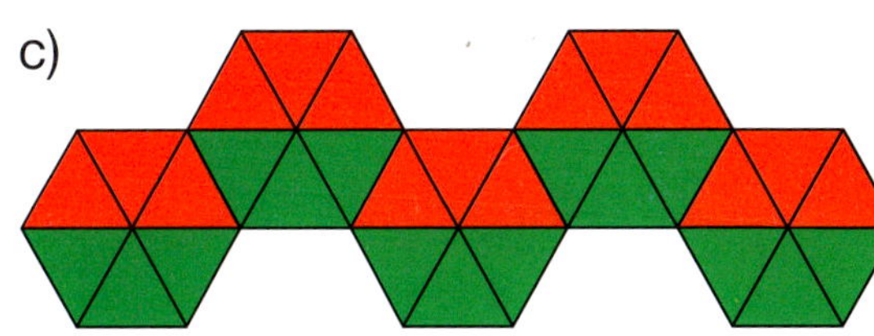

⓱ Wie viele Dreiecke enthält jede Figur?

a)

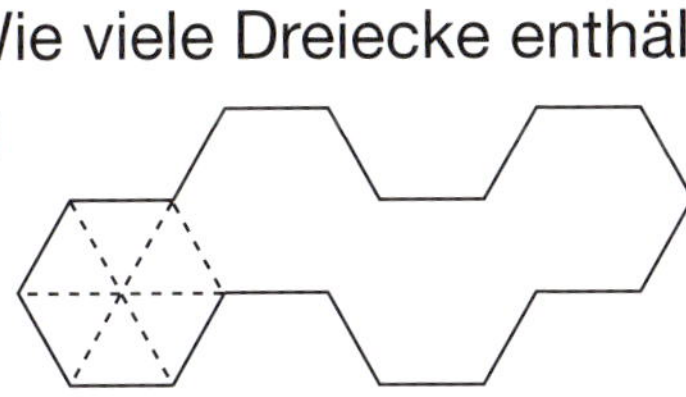

b)

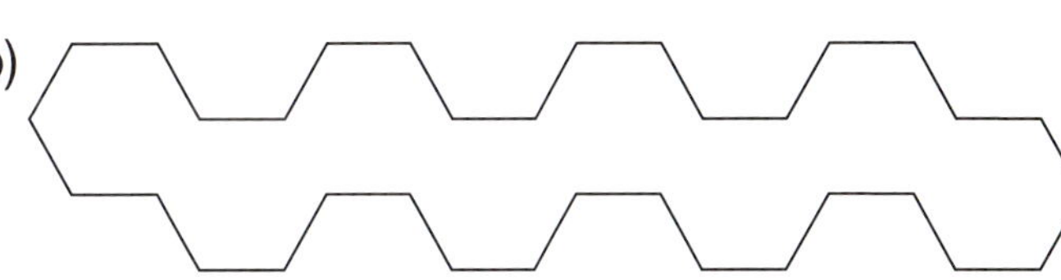

c)

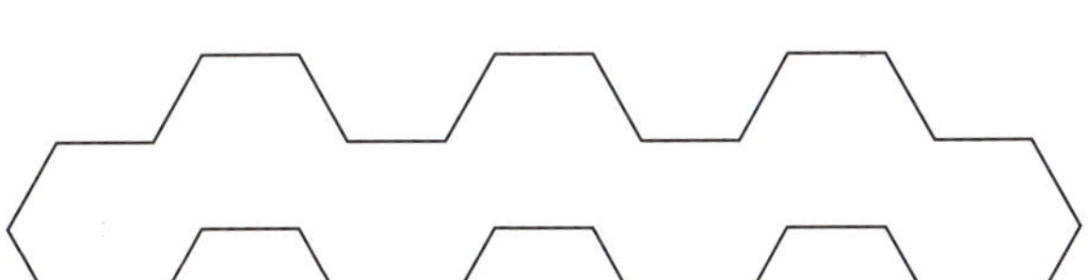

d)

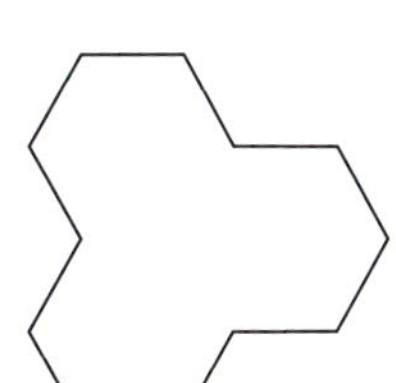

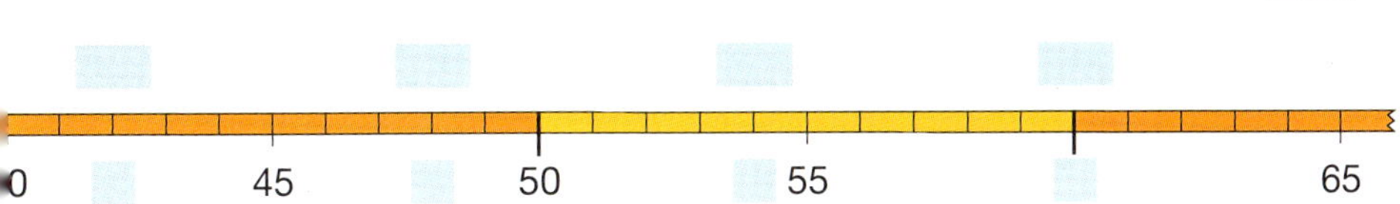

⓲

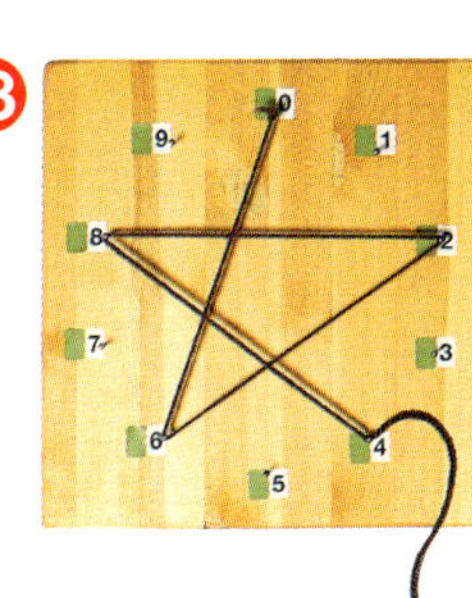

⓬ Mal-Aufgaben und Antworten schreiben. ⓭ Durch- oder Mal-Aufgaben und Antworten schreiben.
⓰ und ⓱ Anzahl der festgestellten Sechsecke mit 6 multiplizieren.

1

☐ · 3 = ☐
☐ · 6 = ☐

2 Schreibe zu jedem Regal zwei Mal-Aufgaben.

a)
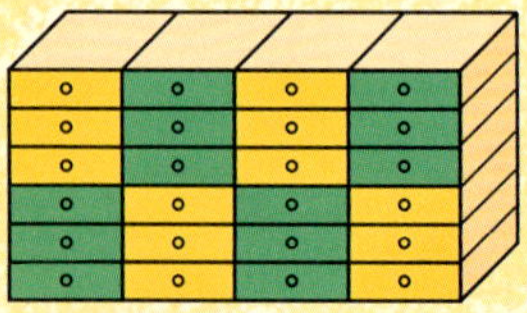

b)
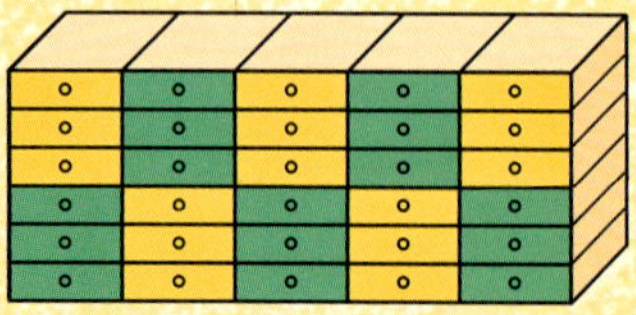

c)

d)
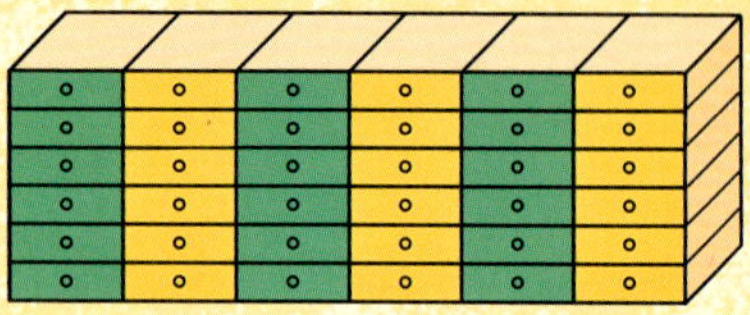

3

a)	b)	c)	d)	e)
30 = ☐ · 6	12 = ☐ · 6	24 = ☐ · 6	20 = ☐ · 5	32 = ☐ · 8
30 = ☐ · 3	12 = ☐ · 3	24 = ☐ · 4	20 = ☐ · 4	32 = ☐ · 4
30 = ☐ · 5	12 = ☐ · 4	24 = ☐ · 8	20 = ☐ · 10	35 = ☐ · 5
30 = ☐ · 10	12 = ☐ · 2	24 = ☐ · 3	20 = ☐ · 2	45 = ☐ · 5
18 = ☐ · 6	16 = ☐ · 8	25 = ☐ · 5	15 = ☐ · 5	50 = ☐ · 10
18 = ☐ · 3	16 = ☐ · 4	25 = ☐ · 25	15 = ☐ · 3	50 = ☐ · 5

4 Wie viele Quadrate brauchst du?
a) Für einen Würfel
b) Für drei Würfel
c) Für zehn Würfel
d) Für fünf Würfel
e) Für sieben Würfel

5 Wie viele Kugeln brauchst du für die Ecken?
a) Für einen Würfel
b) Für drei Würfel
c) Für vier Würfel
d) Für sechs Würfel
e) Für acht Würfel

6 Welche Rechenzeichen passen?

a)
30 ○ 3 = 27
9 ○ 3 = 27
24 ○ 3 = 27

b)
3 ○ 6 = 18
24 ○ 6 = 18
6 ○ 3 = 18
15 ○ 3 = 18

c)
9 ○ 3 = 12
3 ○ 4 = 12
2 ○ 6 = 12
24 ○ 2 = 12
15 ○ 3 = 12

d)
10 ○ 3 = 30
24 ○ 6 = 30
5 ○ 6 = 30
36 ○ 6 = 30
3 ○ 10 = 30
6 ○ 5 = 30

e)
8 ○ 3 = 24
18 ○ 6 = 24
3 ○ 8 = 24
27 ○ 3 = 24
6 ○ 4 = 24
30 ○ 6 = 24
4 ○ 6 = 24

f)
6 ○ 3 = 3
6 ○ 3 = 2
6 ○ 3 = 18
6 ○ 3 = 9
6 ○ 3 = 3

g)
3 ○ 3 = 9
3 ○ 3 = 1
3 ○ 3 = 0
3 ○ 3 = 6

h)
24 ○ 3 = 21
24 ○ 3 = 8
24 ○ 3 = 27

i)
21 ○ 3 = 7
21 ○ 3 = 18

j)
6 ○ 3 = 9

7

a)

b)

c)

d)

1 und 2 Durch Multiplizieren die Zahl der Schubkästen je Regal berechnen. 4 und 5 Multiplizieren mit 6 bzw. mit 8.
6 Evtl. probierend lösen. 7 Dividieren oder Multiplizieren an Rechenrädern. Kopiervorlage nutzen oder Aufgaben im Heft lösen.

Wiederholung

1

a) 80, 88, 76, 87 − 50, 4, 6, 5

26 30 | 37 38
70 71 | 72 74
75 76 | 81 82
82 83 | 83 84

b) 75, 63, 82, 91 − 5, 4, 7, 8

55 56 | 58 59
67 68 | 70 71
74 75 | 77 78
83 84 | 86 87

c) 40, 43, 32, 55 + 30, 5, 14, 23

37 45 | 46 48
54 55 | 57 60
62 63 | 66 69
70 73 | 78 85

d) 24, 36, 48, 37 + 4, 6, 5, 7

28 29 | 30 31
40 41 | 41 42
42 43 | 43 44
52 53 | 54 55

2

a)

+ 6 →	
8	
18	
28	
9	
29	
39	

b)

+ 8 →	
7	
47	
66	
35	
83	
77	

c)

− 8 →	
15	
35	
12	
22	
42	
55	

d)

− 6 →	
13	
43	
15	
25	
75	
63	

e)

− 9 →	
12	
22	
14	
34	
54	
72	

3

a)

+	30	31	43	44
50				
52				
43				
45				

b)

−	30	31	42	44
80				
88				
67				
54				

c)

−	40	46	36	55
70				
76				
89				
87				

4 Wie rechnest du?

a) 62 + 36 = ☐
62 + 24 = ☐
53 + 16 = ☐
53 + 34 = ☐
74 + 25 = ☐
74 + 13 = ☐
74 + 0 = ☐

b) 24 + 33 = ☐
24 + 44 = ☐
33 + 22 = ☐
33 + 55 = ☐
44 + 35 = ☐
44 + 23 = ☐

c) 15 + 15 = ☐
16 + 16 = ☐
18 + 18 = ☐
32 + 32 = ☐
30 + 30 = ☐

d) 12 + 12 = ☐
20 + 20 = ☐
14 + 14 = ☐
24 + 24 = ☐

e) 48 − 24 = ☐

f) 24 − 12 = ☐
18 − 14 = ☐

g) 64 − 30 = ☐
64 − 31 = ☐
64 − 32 = ☐

h) 80 − 50 = ☐
80 − 5 = ☐
80 − 0 = ☐
85 − 50 = ☐

4	12	24	24
28	30	30	32
32	33	34	35
36	40	48	55
57	60	64	67
68	69	74	75
79	80	86	87
87	88	98	99

5

a)

b)

c)

d)

1 Immer viermal 4 Aufgaben. Die Ergebnisse stehen in den aufgeschlagenen Büchern.
5 Ergänzen oder Subtrahieren an Rechenrädern.

Gesundes Frühstück

- Frühstück für 20 Kinder
- 1 Glas Saft für jedes Kind

Verantwortlich: Björn und Simon

Vitaminsaft

für 1 Krug

Du brauchst:
8 Apfelsinen
1 Zitrone
2 Bananen
4 Kiwis
2 Esslöffel Honig

Zubereitung:
Presse die Apfelsinen und die Zitrone aus.
Schneide die Bananen und die Kiwis in kleine Stücke.
Püriere sie mit dem Mixstab.
Gib den Saft zu dem Fruchtmus. Süße den Saft mit Honig.
Guten Appetit!

Wir brauchen 4 Krüge voll.

Björn

Was müssen wir einkaufen?

Simon

1 Stelle den Einkaufszettel zusammen.

2 Plant einen Obstsalat für eure Klasse.

Obstsalat für 5 Personen (für 1 Schüssel)

Zutaten	Zubereitung
4 Äpfel 2 Birnen 3 Apfelsinen 1 Banane 2 Kiwi (Erdbeeren, Weintrauben nach Belieben)	Das Obst waschen, schälen, entkernen, in kleine Stücke schneiden und mit dem Saft einer halben Zitrone beträufeln. Einige Esslöffel Orangensaft zugeben. Vorsichtig mischen.

Wie viele Früchte brauchen wir?

Wie viele Schüsseln brauchen wir?

Wer übernimmt welche Aufgaben?

Verantwortlich: Lena und Alexej

3

Bestellung Kl. 2b

Tomatenbrote	Gurkenbrote	Eibrote
ohne Käse 卌 III	ohne Radieschen 卌 II	ohne Radieschen 卌 I
mit Käse 卌	mit Radieschen 卌 卌	mit Radieschen IIII

Wie viele Scheiben Tomaten?

4 Bestellung 2 A

Tomatenbrote	Gurkenbrote	Eibrote
ohne Käse 卌 卌 II	ohne Radieschen	ohne Radieschen 卌 I
mit Käse 卌 IIII	mit Radieschen 卌 III	mit Radieschen 卌 卌

Einmaleins mit 9

1

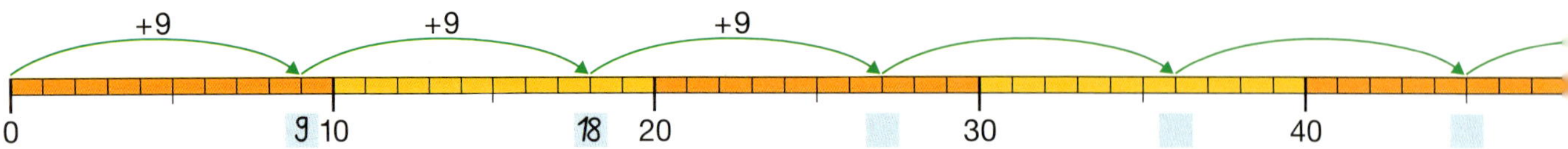

a) Gehe am Zahlenstrahl in Neunerschritten vorwärts. Was fällt dir auf?
b) Gehe in Neunerschritten rückwärts.

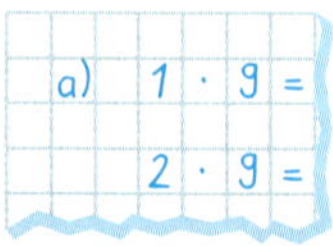

2

Einmaleins mit 10
Einmaleins mit 5
Einmaleins mit 2
Einmaleins mit 4

10 · 4 =
9 · 4 =
8 · 4 =
7 · 4 =

Einmaleins mit 8
Einmaleins mit 3
Einmaleins mit 6

10 · 6 =
9 · 6 =
8 · 6 =
7 · 6 =

Einmaleins mit 9

10 · 9 =
9 · 9 =
8 · 9 =
7 · 9 =
6 · 9 =
5 · 9 =
4 · 9 =
3 · 9 =
2 · 9 =
1 · 9 =

3

Rechne an der Hundertertafel.

2 · 9 =	2 · 3 =
4 · 9 =	4 · 3 =
6 · 9 =	6 · 3 =
7 · 9 =	7 · 3 =
3 · 9 =	3 · 3 =
5 · 9 =	5 · 3 =
8 · 9 =	8 · 3 =
9 · 9 =	9 · 3 =
1 · 9 =	1 · 3 =
0 · 9 =	0 · 3 =
10 · 9 =	10 · 3 =

Decke ab und rechne.

4 Verdoppeln. Halbieren. Nachbaraufgaben.

a)	b)	c)	d)	e)
9 = ☐ · 9	27 = ☐ · 9	30 = ☐ · 3	6 = ☐ · 6	50 = ☐ · 5
18 = ☐ · 9	54 = ☐ · 9	15 = ☐ · 3	12 = ☐ · 6	25 = ☐ · 5
36 = ☐ · 9	81 = ☐ · 9	3 = ☐ · 3	24 = ☐ · 6	5 = ☐ · 5
72 = ☐ · 9	72 = ☐ · 9	6 = ☐ · 3	48 = ☐ · 6	10 = ☐ · 5
90 = ☐ · 9	63 = ☐ · 9	9 = ☐ · 3	60 = ☐ · 6	20 = ☐ · 5
45 = ☐ · 9	54 = ☐ · 9	18 = ☐ · 3	30 = ☐ · 6	40 = ☐ · 5

5

a)	b)	c)	d)	e)
90 : 9 =	63 : 9 =	24 : 3 =	35 : 5 =	40 : ☐ = ☐
45 : 9 =	27 : 9 =	18 : 3 =	45 : 5 =	24 : ☐ = ☐
72 : 9 =	81 : 9 =	27 : 3 =	0 : 5 =	48 : ☐ = ☐
36 : 9 =	0 : 9 =	12 : 3 =	40 : 5 =	20 : ☐ = ☐
18 : 9 =	54 : 9 =	15 : 3 =	25 : 5 =	16 : ☐ = ☐

1 An Zahlenstrahl und Hunderterkette die Mal-Aufgaben mit 9 erarbeiten. Dabei feststellen, dass die jeweils folgende Neunerzahl an der Einerstelle um 1 kleiner wird. **5** e) Offene Aufgaben.

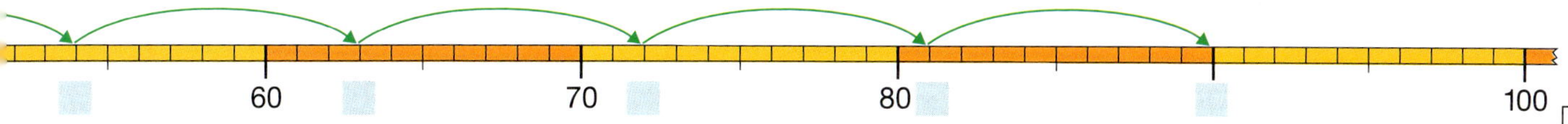

6 Wie viele Nägel auf den Geobrettern?

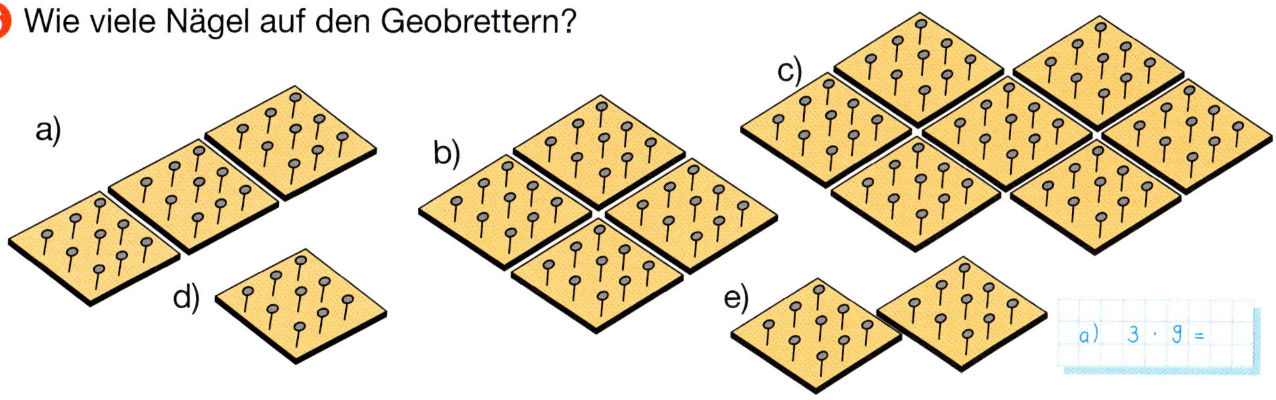

7

a)	b)	c)	d)	e)
☐ · 9 = 27	☐ · 9 = 81	☐ · 3 = 15	☐ · 5 = 20	☐ · 6 = 54
☐ · 9 = 54	☐ · 9 = 9	☐ · 3 = 27	☐ · 5 = 40	☐ · 6 = 36
☐ · 9 = 18	☐ · 9 = 63	☐ · 3 = 18	☐ · 5 = 30	☐ · 6 = 48
☐ · 9 = 90	☐ · 9 = 36	☐ · 3 = 30	☐ · 5 = 45	☐ · 6 = 24
☐ · 9 = 45	☐ · 9 = 45	☐ · 3 = 21	☐ · 5 = 35	☐ · 6 = 42

8 Rechne mit Neunerzahlen.

a)	b)
90 – 9 = ☐	18 + 9 = ☐
18 – 9 = ☐	45 + 9 = ☐
27 – 9 = ☐	36 + 9 = ☐
45 – 9 = ☐	72 + 9 = ☐

9 Rechne mit Dreierzahlen.

a)	b)	c)
24 – 3 = ☐	27 – 3 = ☐	12 + 3 = ☐
18 – 3 = ☐	27 – 6 = ☐	12 + 6 = ☐
21 – 3 = ☐	15 – 3 = ☐	18 + 3 = ☐
30 – 3 = ☐	15 – 6 = ☐	18 + 6 = ☐

10 a)

Fünferzahlen	5	10	15			
Viererzahlen	4	8	12			
	9	18				

b)

Zehnerzahlen	100	90	80	70		
Einerzahlen	10	9	8			
	90	81				

11

a)	b)	c)	d)
18 : ☐ = ☐	36 : ☐ = ☐	24 : ☐ = ☐	42 : ☐ = ☐
18 : ☐ = ☐	36 : ☐ = ☐	25 : ☐ = ☐	45 : ☐ = ☐
18 : ☐ = ☐	36 : ☐ = ☐	27 : ☐ = ☐	48 : ☐ = ☐

12 Wer entdeckt den Rechenvorteil?

a)	b)	c)
90 – 9 – 9 = ☐	36 – 9 – 9 – 9 = ☐	72 – 9 – 9 – 9 – 9 = ☐
45 – 9 – 9 = ☐	27 – 9 – 9 – 9 = ☐	63 – 9 – 9 – 9 – 9 = ☐
18 – 9 – 9 = ☐	90 – 9 – 9 – 9 = ☐	45 – 9 – 9 – 9 – 9 = ☐
27 – 9 – 9 = ☐	45 – 9 – 9 – 9 = ☐	90 – 9 – 9 – 9 – 9 = ☐

6 Mal-Aufgaben schreiben. **8** und **9** Feststellen, ob wieder Neuner- bzw. Dreierzahlen entstehen.
10 Im Heft Zahlenreihen fortsetzen. Aufschreiben, welche neue Reihe entsteht. **11** Offene Aufgaben.

Einmaleins mit 9

1	2	3	4	5	6	7	8	(9)	(10)
11	12	13	14	15	16	17	(18)	19	(20)
21	22	23	24	25	26	27	28	29	30
31	32	33	34	35	36	37	38	39	40
41	42	43	44	45	46	47	48	49	50
51	52	53	54	55	56	57	58	59	60
61	62	63	64	65	66	67	68	69	70
71	72	73	74	75	76	77	78	79	80
81	82	83	84	85	86	87	88	89	90
91	92	93	94	95	96	97	98	99	100

1 a) Kreise in einer Hundertertafel die Neunerzahlen blau ein.

Die seltsamen Neunerzahlen

b) Kreise die Ergebnisse rot ein.

$1 \cdot 9 + 1 = 10$ $\quad$ $6 \cdot 9 + 6 = \square$

$2 \cdot 9 + 2 = 20$ $\quad$ $7 \cdot 9 + 7 = \square$

$3 \cdot 9 + 3 = \square$ $\quad$ $8 \cdot 9 + 8 = \square$

$4 \cdot 9 + 4 = \square$ $\quad$ $9 \cdot 9 + 9 = \square$

$5 \cdot 9 + 5 = \square$ $\quad$ $10 \cdot 9 + 10 = \square$

c) Addiere die Ziffern. Was fällt auf.

18 27 36 45 54 63 72 81 90

$1 + 8 = 9$ $\quad$ $2 + 7 = \square$

2 a) $9 \cdot 9 + 6 = \square$, $8 \cdot 9 + 6 = \square$, $7 \cdot 9 + 6 = \square$, $5 \cdot 9 + 6 = \square$

b) $4 \cdot 9 + 5 = \square$, $7 \cdot 9 + 5 = \square$, $3 \cdot 9 + 5 = \square$, $6 \cdot 9 + 5 = \square$

c) $2 \cdot 9 + 7 = \square$, $4 \cdot 9 + 7 = \square$, $8 \cdot 9 + 7 = \square$, $9 \cdot 9 + 7 = \square$

d) $5 \cdot 9 + 9 = \square$, $7 \cdot 9 + 9 = \square$, $6 \cdot 9 + 9 = \square$, $3 \cdot 9 + 9 = \square$

e) $9 \cdot 9 + 8 = \square$, $6 \cdot 9 + 8 = \square$, $8 \cdot 9 + 8 = \square$, $5 \cdot 9 + 8 = \square$

25 32 36 41 43 51 53 54 59 62 63 68 69 72 78 79 80 87 88 89

3 Vergleiche. Schreibe > oder = oder <.

a) $3 \cdot 9 \bigcirc 40$, $4 \cdot 9 \bigcirc 40$, $5 \cdot 9 \bigcirc 40$, $6 \cdot 9 \bigcirc 40$

b) $4 \cdot 9 \bigcirc 45$, $6 \cdot 9 \bigcirc 45$, $3 \cdot 9 \bigcirc 45$, $5 \cdot 9 \bigcirc 45$

c) $8 \cdot 9 \bigcirc 81$, $7 \cdot 9 \bigcirc 81$, $9 \cdot 9 \bigcirc 81$, $6 \cdot 9 \bigcirc 81$

d) $5 \cdot 9 \bigcirc 54$, $6 \cdot 9 \bigcirc 54$, $8 \cdot 9 \bigcirc 54$, $7 \cdot 9 \bigcirc 54$

e) $3 \cdot 9 \bigcirc 20$, $2 \cdot 9 \bigcirc 20$, $4 \cdot 9 \bigcirc 20$, $5 \cdot 9 \bigcirc 20$

9-mal < 3-mal = 8-mal >

4 a) $4 \cdot 9 + \square = 40$, $3 \cdot 9 + \square = 30$, $5 \cdot 9 + \square = 50$, $2 \cdot 9 + \square = 20$

b) $9 \cdot 9 + \square = 90$, $8 \cdot 9 + \square = 90$, $7 \cdot 9 + \square = 70$, $6 \cdot 9 + \square = 70$

c) $3 \cdot 9 + \square = 29$, $2 \cdot 9 + \square = 19$, $5 \cdot 9 + \square = 49$, $4 \cdot 9 + \square = 39$

5

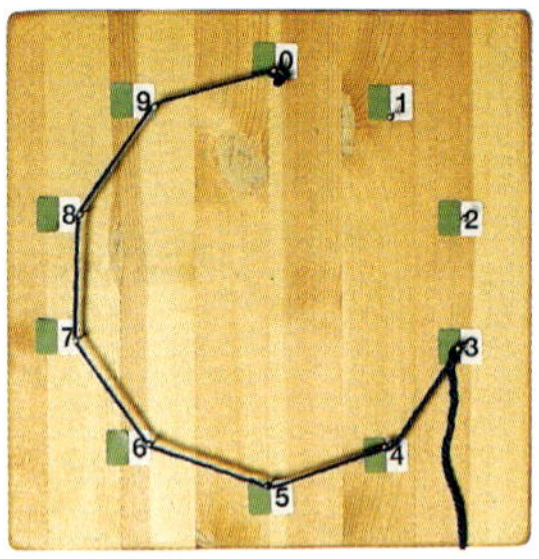

W 6 a) −9

80	
69	
74	
53	

b) +9

30	
43	
27	
64	

c) +23

60	
74	
57	
45	

d) −23

83	
79	
95	
48	

e) −35

75	
68	
79	
48	

f) +35

40	
44	
23	
15	

W 7 a) 48 55 74 67 − 4 8 34

b) 50 43 64 + 23 36

1 Entdecken: Die Zehner werden immer um 1 größer, die Einer immer um 1 kleiner.

Einmaleins mit 3, mit 6 und mit 9

1

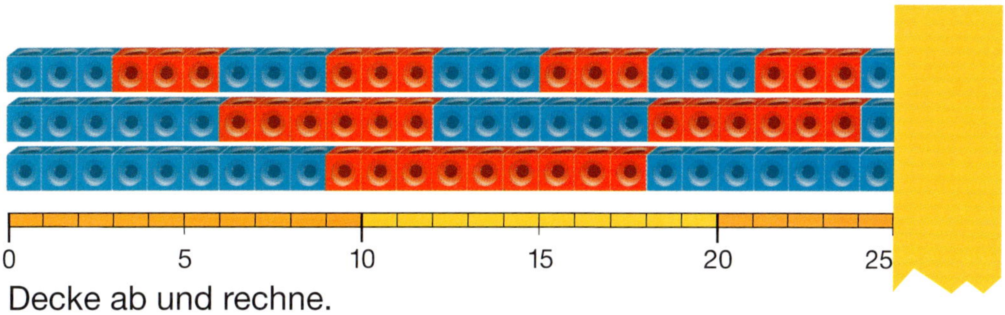

25 = 8 · 3 + ☐
25 = 4 · 6 + ☐
25 = 2 · 9 + ☐

Decke ab und rechne.

a) 20 = 6 · 3 + 2
20 = ☐ · 6 + ☐
20 = ☐ · 9 + ☐

b) 15 = ☐ · 3 + ☐
15 = ☐ · 6 + ☐
15 = ☐ · 9 + ☐

c) 24 = ☐ · 3 + ☐
24 = ☐ · 6 + ☐
24 = ☐ · 9 + ☐

d) 18 = ☐ · 3 + ☐
18 = ☐ · 6 + ☐
18 = ☐ · 9 + ☐

2 Zeichne, rechne und vergleiche.

a) 5 · 3 = ☐
5 · 6 = ☐
5 · 9 = ☐

b) 8 · 3 = ☐
8 · 6 = ☐
8 · 9 = ☐

c) 3 · 3 = ☐
3 · 6 = ☐
3 · 9 = ☐

d) 9 · 3 = ☐
9 · 6 = ☐
9 · 9 = ☐

e) 4 · 3 = ☐
4 · 6 = ☐
4 · 9 = ☐

f) 7 · 3 = ☐
7 · 6 = ☐
7 · 9 = ☐

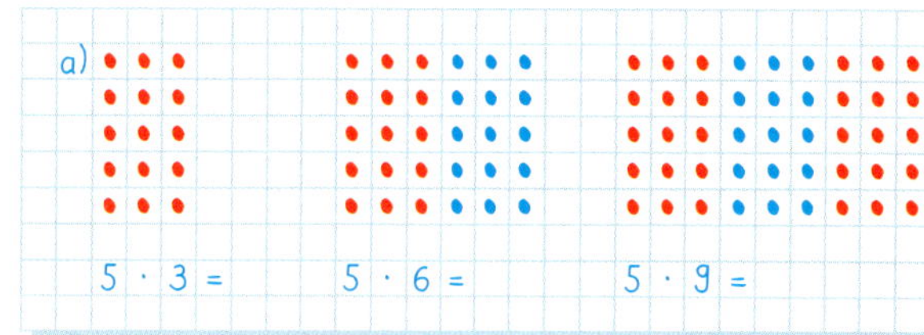

3

a)

·	3	6	9
5			
3			
2			
0			

b)

·	3	6	9
4			
8			
7			
1			

c)

·	6	3	
6			54
9			
10			
7			

d)

·	4	5	
3			24
5			
7			
9			

4

a)

Dreierzahlen	3	6	9	12			
Sechserzahlen	6	12	18				
	9	18					

b)

Neunerzahlen	9	18	27				
Sechserzahlen	6	12	18				
	3						

5

a) 20 : ☐ = ☐
30 : ☐ = ☐
40 : ☐ = ☐
50 : ☐ = ☐

b) 54 : ☐ = ☐
24 : ☐ = ☐
27 : ☐ = ☐
36 : ☐ = ☐

c) 63 : ☐ = ☐
64 : ☐ = ☐
45 : ☐ = ☐
48 : ☐ = ☐

d) 21 : ☐ = ☐
28 : ☐ = ☐
12 : ☐ = ☐
18 : ☐ = ☐

6

1	2	3	4	5	6	7	8	9	10
11	12	13	14	15	16	17	18	19	20
21	22	23	24	25	26	27	28	29	30

Kreise in einer Hundertertafel ein:
a) die Dreierzahlen blau
b) die Sechserzahlen rot
c) die Neunerzahlen grün

Welche Zahlen fallen besonders auf?

W 7 a) 30 32 45 + 8 9 50

b) 59 46 63 + 6 9 20

2 Feststellen: Im Vergleich mit der 3 doppelt so große Ergebnisse bei der 6, dreimal so große bei der 9.
4 Die Zahlenreihen fortsetzen. Diff.: über das Zehnfache hinausgehen. **5** Offene Aufgaben. **6** Kopiervorlage.

Januar ☐ Tage

Februar ☐ Tage

❶ Untersuche den Jahreskreis. Jede Perle steht für einen Tag.

❷ Das Jahr hat ☐ Jahreszeiten, ☐ Monate.

Wann beginnen die Jahreszeiten?

Tage ☐

❸ a) Ordne die Monate.

1. Monat	4. Monat	☐ Monat	☐ Monat	☐ Monat	☐ Monat
Januar	**April**	**Februar**	**Juli**	**Oktober**	**Juni**
31 Tage	☐ Tage	☐ Tage	☐ Tage	☐ Tage	☐ Tage

☐ Monat	☐ Monat	☐ Monat	☐ Monat	☐ Monat	☐ Monat
Dezember	**März**	**November**	**September**	**August**	**Mai**
☐ Tage	☐ Tage	☐ Tage	☐ Tage	☐ Tage	☐ Tage

Dezember

b) Welcher Monat hat die wenigsten Tage?

c) In welchem Monat haben die meisten Kinder deiner Klasse Geburtstag?

❹ So kannst du dir die Monate mit 31 Tagen merken.

Achte auf die Knöchel.

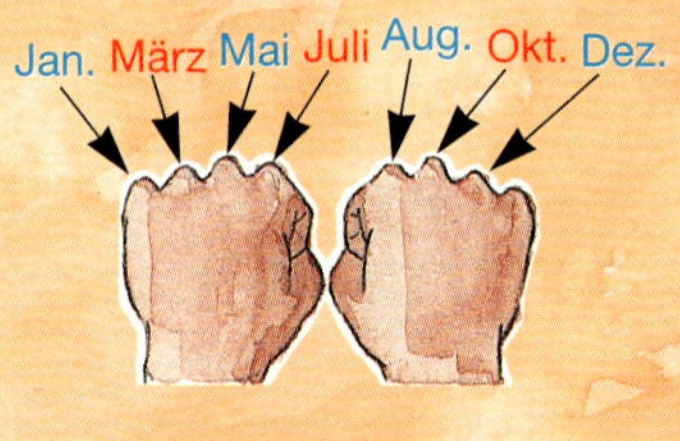

❺ Zeige am Jahreskreis und schreibe das Datum kürzer.

11. März	31. März	1. Februar	30. Januar	1. Mai
15. Juni	30. Dezember	28. Februar	1. Juli	
3. September	27. Oktober	11. August	5. Mai	

11. März 11. 3.

Tage ☐

❻ Schreibe ausführlich.

17. 11. | 01. 02. | 30. 03. | 24. 12. | 01. 04. | 15. 10. | 23. 08. | 31. 12.

17. November

November

❼ Welcher Wochentag ist es in diesem Jahr? Schaue in einen Kalender.

a) 28. Januar b) 1. April c) 1. Mai d) erster Tag der großen Ferien

e) erster Schultag nach den großen Ferien f) 24. Dezember g) 31. Dezember

Oktober ☐ Tage

September ☐ Tage

❶ Rechenketten für 1 Jahr zusammenlegen. Die jeweilige Tageszahl einem Kalender entnehmen.

März | Tage

April | Tage

8 Erforsche am Kalender.

a) Eine Woche hat ▢ Tage.

b) Der Februar hat
▢ Sonntage, ▢ Freitage, ▢ Montage.

c) Der Februar hat ▢ Wochen.

Januar

Woche	1	2	3	4	5
Mo		4	11	18	25
Di		5	12	19	26
Mi		6	13	20	27
Do		7	14	21	28
Fr	1	8	15	22	29
Sa	2	9	16	23	30
So	**3**	**10**	**17**	**24**	**31**

Februar

Woche	6	7	8	9
Mo	1	8	15	22
Di	2	9	16	23
Mi	3	10	17	24
Do	4	11	18	25
Fr	5	12	19	26
Sa	6	13	20	27
So	**7**	**14**	**21**	**28**

März

Woche	10	11	12	13	14
Mo	1	8	15	22	29
Di	2	9	16	23	30
Mi	3	10	17	24	31
Do	4	11	18	25	
Fr	5	12	19	26	
Sa	6	13	20	27	
So	**7**	**14**	**21**	**28**	

April

Woche	14	15	16	17	18
Mo		5	12	19	26
Di		6	13	20	27
Mi		7	14	21	28
Do	1	8	15	22	29
Fr	2	9	16	23	30
Sa	3	10	17	24	
So	**4**	**11**	**18**	**25**	

Mai

Woche	18	19	20	21	22	23
Mo		3	10	17	24	31
Di		4	11	18	25	
Mi		5	12	19	26	
Do		6	13	20	27	
Fr		7	14	21	28	
Sa	1	8	15	22	29	
So	**2**	**9**	**16**	**23**	**30**	

Juni

Woche	23	24	25	26	27
Mo		7	14	21	28
Di	1	8	15	22	29
Mi	2	9	16	23	30
Do	3	10	17	24	
Fr	4	11	18	25	
Sa	5	12	19	26	
So	**6**	**13**	**20**	**27**	

Juli

Woche	27	28	29	30	31
Mo		5	12	19	26
Di		6	13	20	27
Mi		7	14	21	28
Do	1	8	15	22	29
Fr	2	9	16	23	30
Sa	3	10	17	24	31
So	**4**	**11**	**18**	**25**	

August

Woche	31	32	33	34	35	36
Mo		2	9	16	23	30
Di		3	10	17	24	31
Mi		4	11	18	25	
Do		5	12	19	26	
Fr		6	13	20	27	
Sa		7	14	21	28	
So	**1**	**8**	**15**	**22**	**29**	

September

Woche	36	37	38	39	40
Mo		6	13	20	27
Di		7	14	21	28
Mi	1	8	15	22	29
Do	2	9	16	23	30
Fr	3	10	17	24	
Sa	4	11	18	25	
So	**5**	**12**	**19**	**26**	

Oktober

Woche	40	41	42	43	44
Mo		4	11	18	25
Di		5	12	19	26
Mi		6	13	20	27
Do		7	14	21	28
Fr	1	8	15	22	29
Sa	2	9	16	23	30
So	**3**	**10**	**17**	**24**	**31**

November

Woche	45	46	47	48	49
Mo	1	8	15	22	29
Di	2	9	16	23	30
Mi	3	10	17	24	
Do	4	11	18	25	
Fr	5	12	19	26	
Sa	6	13	20	27	
So	**7**	**14**	**21**	**28**	

Dezember

Woche	49	50	51	52	53
Mo		6	13	20	27
Di		7	14	21	28
Mi	1	9	15	22	29
Do	2	9	16	23	30
Fr	3	10	17	24	31
Sa	4	11	18	25	
So	**5**	**12**	**19**	**26**	

Mai

▢ Tage

9 Wie viele Tage sind es? Prüfe im März.

a) 2 Wochen
b) 3 Wochen
c) 4 Wochen
d) 6 Wochen
e) 1 Woche und 1 Tag
f) 1 Woche und 3 Tage
g) 2 Wochen und 6 Tage
h) 4 Wochen und 2 Tage

10 Wie viele Wochen sind es?

a) 7 Tage
b) 14 Tage
c) 28 Tage
d) 21 Tage
e) 0 Tage
f) 70 Tage
g) 35 Tage
h) 42 Tage
i) 49 Tage
j) 56 Tage

11 Das Jahr hat ▢ Wochen und 1 Tag.

Prüfe am Kalender.

Juni

12

Wochen	10	2	3	5	4	6	7	8	9
Tage	70								

·7

Fällt dir etwas auf?

▢ Tage

13 Welche bekannten Aufgaben können helfen?

Einmaleins mit 10
Einmaleins mit 5
Einmaleins mit 2
Einmaleins mit 4
10 · 4 = ▢
9 · 4 = ▢
8 · 4 = ▢
7 · 4 = ▢

Einmaleins mit 9
Einmaleins mit 8
Einmaleins mit 3
Einmaleins mit 6
10 · 6 = ▢
9 · 6 = ▢
8 · 6 = ▢
7 · 6 = ▢

Einmaleins mit 7
1 · 7 = ▢
2 · 7 = ▢
3 · 7 = ▢
4 · 7 = ▢
5 · 7 = ▢
6 · 7 = ▢
7 · 7 = ▢
8 · 7 = ▢
9 · 7 = ▢
10 · 7 = ▢

14 Welche Zahlen gehören zum Einmaleins mit 7? 17 14 20 21 27 28 30 35 70

August | ▢ Tage

Juli | ▢ Tage

Einmaleins mit 7

1 Wie viele Blumen braucht der Verkäufer?

a) 4 Sträuße b) 3 Sträuße c) 2 Sträuße
d) 5 Sträuße e) 7 Sträuße f) 6 Sträuße
g) 10 Sträuße h) 8 Sträuße i) 9 Sträuße

a) 7 + 7 + 7 + 7 =
4 · 7 =
Er braucht Blumen.

2

a)	b)	c)	d)	e)
70 = ☐ · 7	21 = ☐ · 7	7 = ☐ · 7	14 = ☐ · 7	63 = ☐ · 9
35 = ☐ · 7	42 = ☐ · 7	14 = ☐ · 7	63 = ☐ · 7	45 = ☐ · 9
28 = ☐ · 7	49 = ☐ · 7	28 = ☐ · 7	56 = ☐ · 7	72 = ☐ · 9

3

a)	b)	c)	d)	e)
21 : 7 = ☐	35 : 7 = ☐	42 : 7 = ☐	14 : 7 = ☐	56 : 8 = ☐
70 : 7 = ☐	63 : 7 = ☐	56 : 7 = ☐	7 : 7 = ☐	72 : 8 = ☐
28 : 7 = ☐	0 : 7 = ☐	49 : 7 = ☐	0 : 7 = ☐	32 : 8 = ☐

4

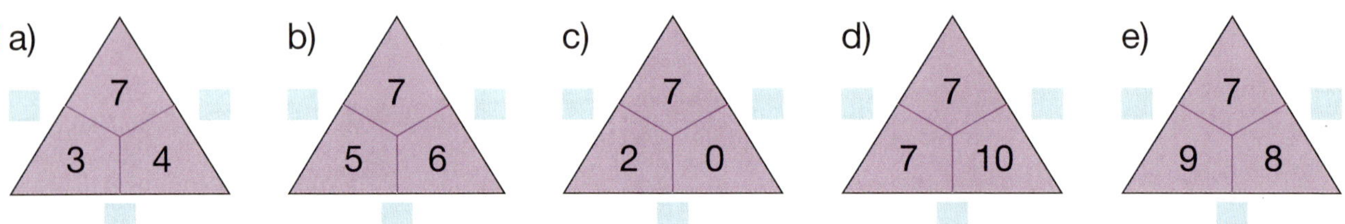

5

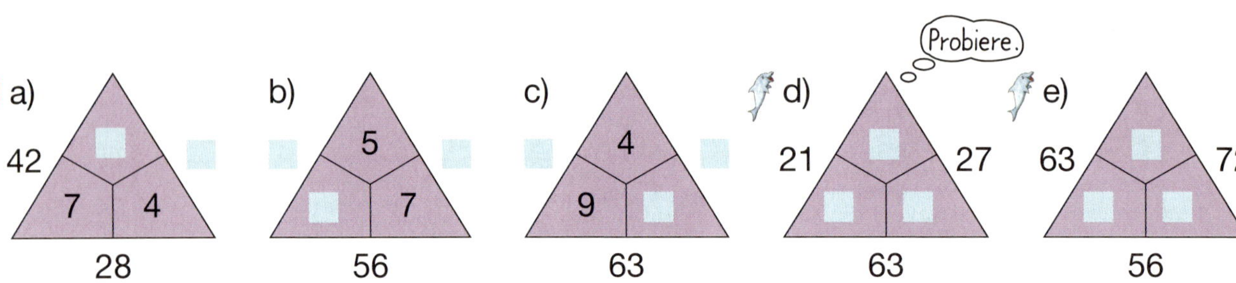

6 Schreibe für jede Siebenerzahl mindestens 3 Aufgaben.

a) 70 b) 63 c) 42 d) 56 e) 35 f) 49 g) 28

a) 7 0 = · 7
7 0 = 7 ·
7 0 : 7 =

7

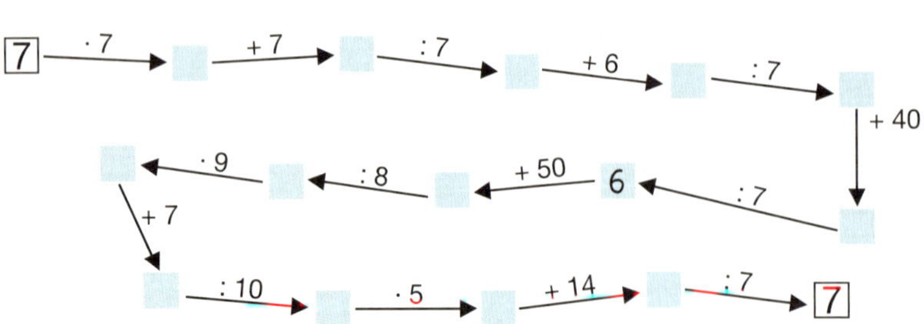

8

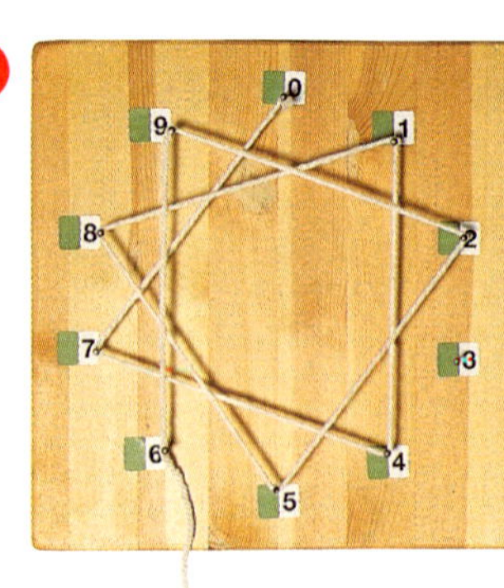

9

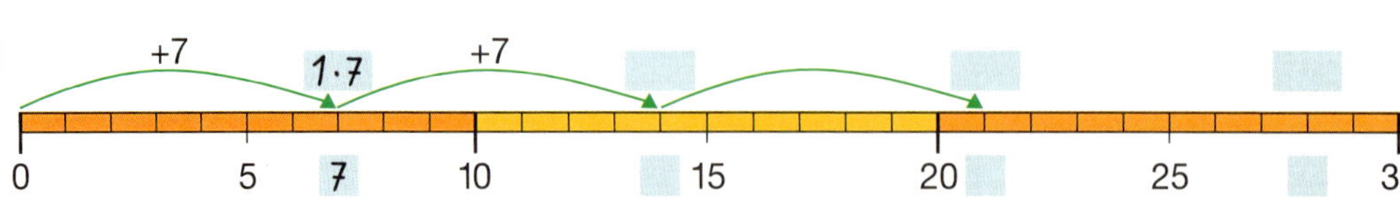

4 Multiplizieren. **5** d) und e) Durch wiederholtes Probieren lösen.
7 Im Anschluss an das Lösen der einzelnen Aufgaben zur Kontrolle noch einmal die gesamte Kette durchrechnen.

10 Meine Marienkäfer haben zusammen 28 Punkte.
Wie viele Käfer sind es?

11 In unserem Garten haben fünf Siebenschläfer überwintert. Jeder schlief 7 Monate.

12 Ein Igel schläft im Winter 3 Monate.
In unserem Garten lebten 2 Igel.

13

a)	b)	c)	d)	e)
8 · 7 =	7 · 7 =	7 · 5 =	7 · 4 =	7 · 8 =
4 · 7 =	3 · 7 =	5 · 5 =	5 · 4 =	5 · 8 =
6 · 7 =	2 · 7 =	3 · 5 =	3 · 4 =	3 · 8 =
10 · 7 =	9 · 7 =	6 · 5 =	6 · 4 =	6 · 8 =
5 · 7 =	3 · 7 =	8 · 5 =	8 · 4 =	8 · 8 =

14

a)	b)	c)	d)	e)
2 · 7 + 6 =	9 · 7 + 5 =	8 · 7 + 4 =	9 · 7 + 8 =	7 · 7 + 5 =
3 · 7 + 9 =	8 · 7 + 5 =	4 · 7 + 8 =	8 · 7 + 9 =	5 · 7 + 7 =
5 · 7 + 5 =	7 · 7 + 5 =	6 · 7 + 6 =	4 · 7 + 6 =	3 · 7 + 8 =
6 · 7 + 8 =	6 · 7 + 5 =	5 · 7 + 6 =	6 · 7 + 4 =	8 · 7 + 3 =
7 · 7 + 1 =	4 · 7 + 5 =	3 · 7 + 6 =	2 · 7 + 4 =	0 · 7 + 3 =

3 18 20 27 29 30 33 34 36 40 41 42 46 47 48 50 50 54 54 59 60 61 65 68 71

15 a) 21 − 7 − 7 =
14 − 7 − 7 =

b) 28 − 7 − 7 − 7 =
70 − 7 − 7 − 7 =

c) 35 − 7 − 7 − 7 − 7 − 7 =
56 − 7 − 7 − 7 − 7 − 7 =

16 Wie viele Wochen und Tage sind es?

a)	b)	c)
20 Tage	42 Tage	10 Tage
21 Tage	43 Tage	14 Tage
22 Tage	44 Tage	18 Tage

a) 20 Tage = 2 Wochen 6 Tage

17 a)

+	3	5	7	9
4				
24				
25				
65				

b)

−	3	5	4	6
30				
34				
53				
82				

c)

−	3	6	8	9
50				
48				
66				
73				

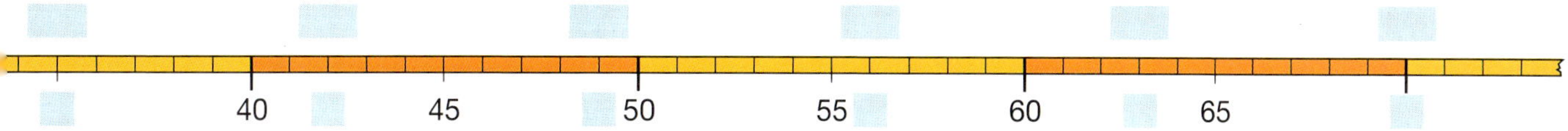

11 und **12** Scherzaufgaben. **15** Rechenvorteil erkennen und nutzen.

Das Einmaleins-Feld

❶ Folge den Linien und rechne.

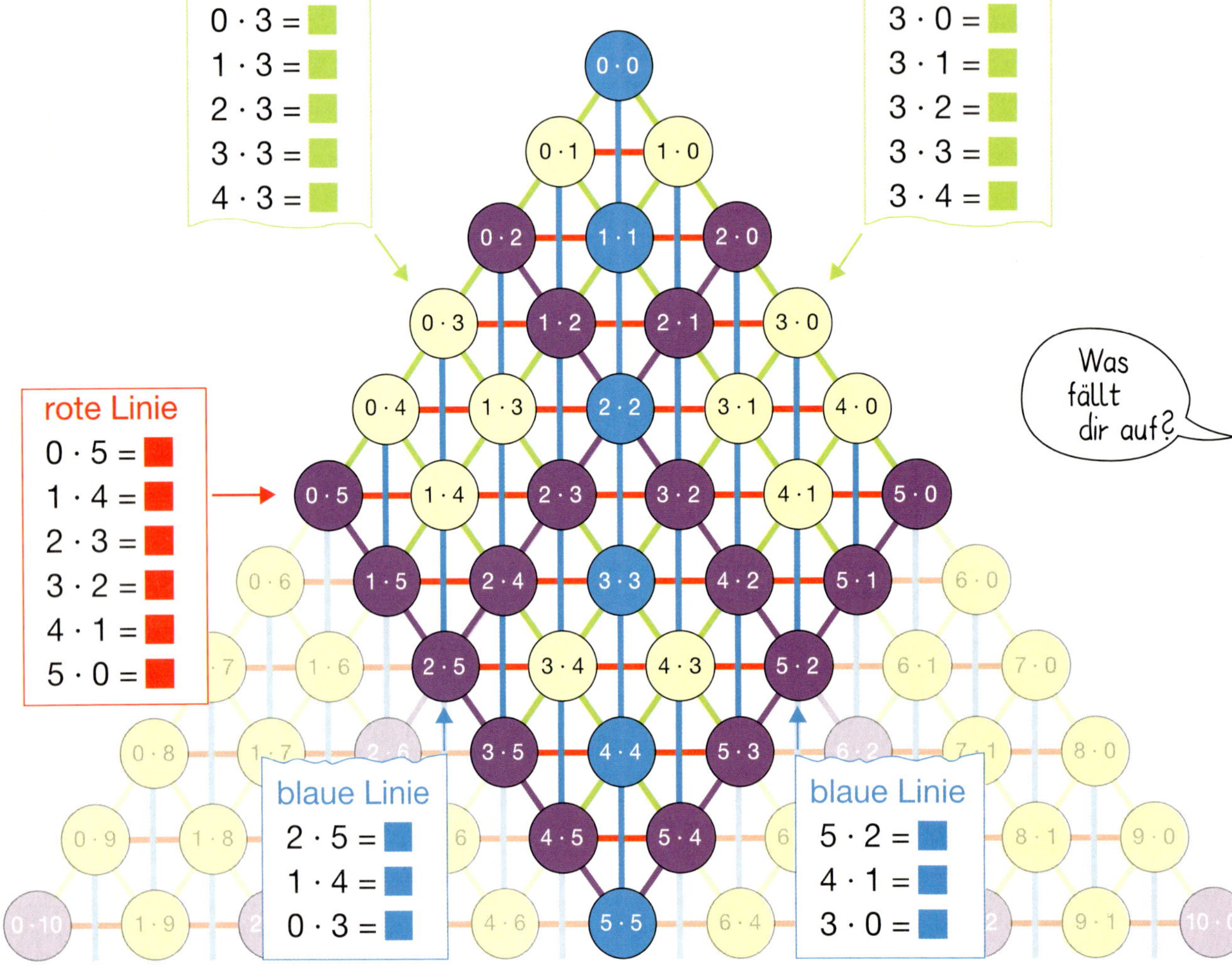

grüne Linie
0 · 3 =
1 · 3 =
2 · 3 =
3 · 3 =
4 · 3 =

grüne Linie
3 · 0 =
3 · 1 =
3 · 2 =
3 · 3 =
3 · 4 =

rote Linie
0 · 5 =
1 · 4 =
2 · 3 =
3 · 2 =
4 · 1 =
5 · 0 =

blaue Linie
2 · 5 =
1 · 4 =
0 · 3 =

blaue Linie
5 · 2 =
4 · 1 =
3 · 0 =

Was fällt dir auf?

❷ Die lila Aufgaben. Zeige und rechne. Setze fort.

a)
0 · 5
1 · 5
2 · 5
3 · 5

b)
0 · 2
1 · 2
2 · 2
3 · 2

c)
0 · 10
1 · 10
2 · 10
3 · 10

Findest du die Tauschaufgaben?

❸ Die blauen Aufgaben.
Zeige und rechne.

0 · 0
1 · 1
2 · 2
3 · 3
4 · 4
5 ·

❹ Folge den blauen Linien und rechne.
Setze fort.

a)
0 · 1
1 · 2
2 · 3
3 · 4
4 · 5
5 ·

b)
0 · 2
1 · 3
2 · 4
3 · 5
4 · 6
5 ·

c)
3 · 0
4 · 1
5 · 2
6 · 3
7 · 4
8 ·

Erste Orientierung. Aufgabenreihen an den Linien entlang finden und rechnen. Im Heft fortsetzen.
❶ Tauschaufgaben entdecken. ❷ c) Im Einmaleins-Feld auf dem hinteren Buchdeckel suchen.
❸ Quadratzahlen. ❹ Mit dem Ausschnitt auf der nächsten Seite fortsetzen. Selbstkontrolle: Muster in den Ergebnissen.

5 Folge den grünen Linien. Setze fort.

a)
0 · 4
1 · 4
2 · 4
3 · 4
4 ·

b)
0 · 3
1 · 3
2 · 3
3 · 3
4 ·

c)
0 · 8
1 · 8
2 · 8
3 · 8
4 ·

d)
0 · 7
1 · 7
2 · 7
3 · 7
4 ·

e)
0 · 9
1 · 9
2 · 9
3 · 9
4 ·

f)
0 · 6
1 · 6
2 · 6
3 · 6
4 ·

g)
0 · 5
1 · 5
2 · 5
3 · 5
4 ·

h)
0 · 10
1 · 10
2 · 10
3 · 10
4 ·

i)
0 · 2
1 · 2
2 · 2
3 · 2
4 ·

j)
0 · 1
1 · 1
2 · 1
3 · 1
4 ·

6 Folge den Linien und rechne.

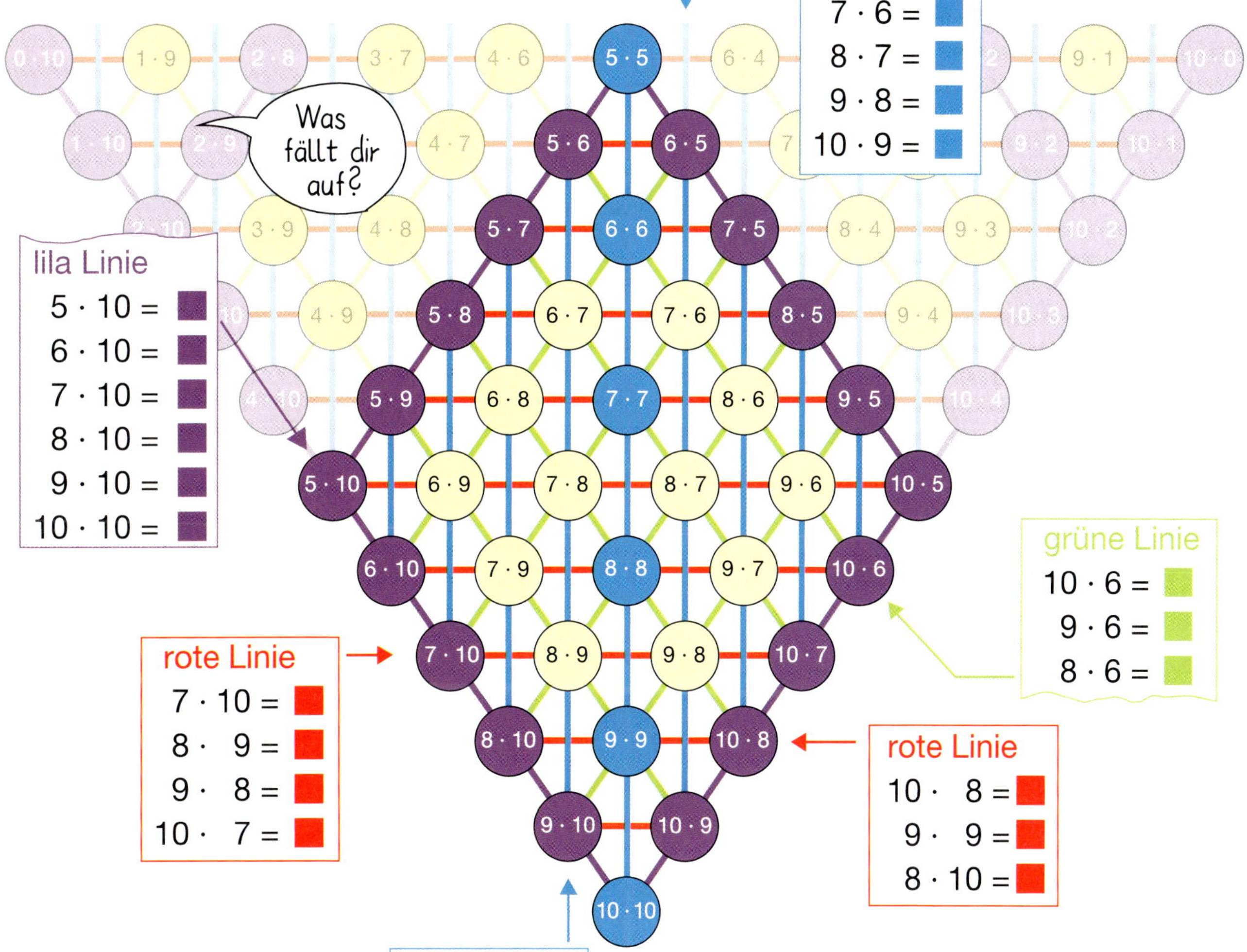

blaue Linie
6 · 5 =
7 · 6 =
8 · 7 =
9 · 8 =
10 · 9 =

lila Linie
5 · 10 =
6 · 10 =
7 · 10 =
8 · 10 =
9 · 10 =
10 · 10 =

grüne Linie
10 · 6 =
9 · 6 =
8 · 6 =

rote Linie
7 · 10 =
8 · 9 =
9 · 8 =
10 · 7 =

rote Linie
10 · 8 =
9 · 9 =
8 · 10 =

blaue Linie
9 · 10 =
8 · 9 =
7 · 8 =
6 · 7 =

5 Einmaleinsreihen fortsetzen. Im Einmaleins-Feld auf dem hinteren Buchdeckel suchen.

Rechnen am Einmaleins-Feld

1 Rechne erst die leichten Aufgaben.

a)
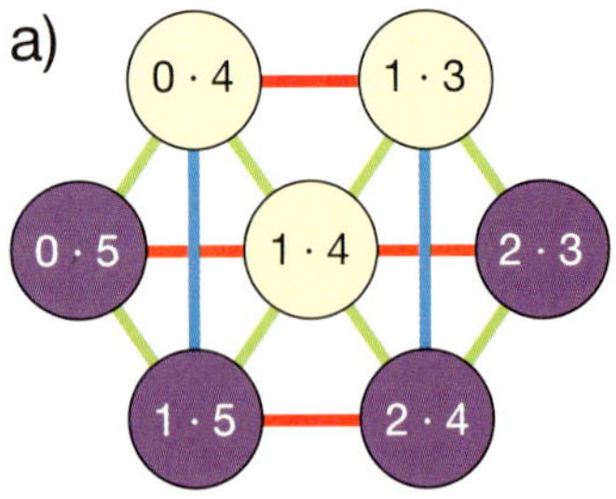

b)
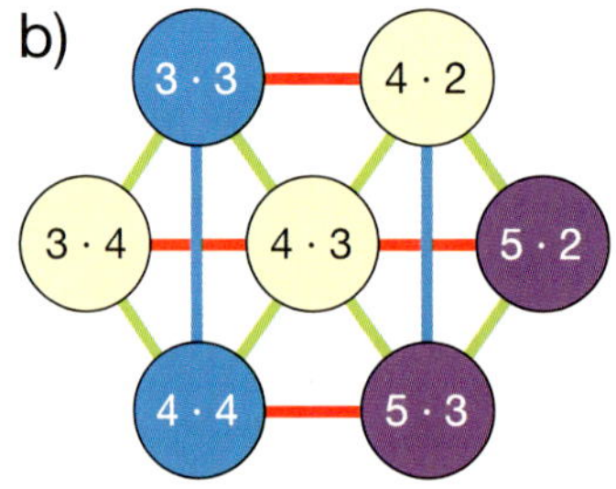

c)
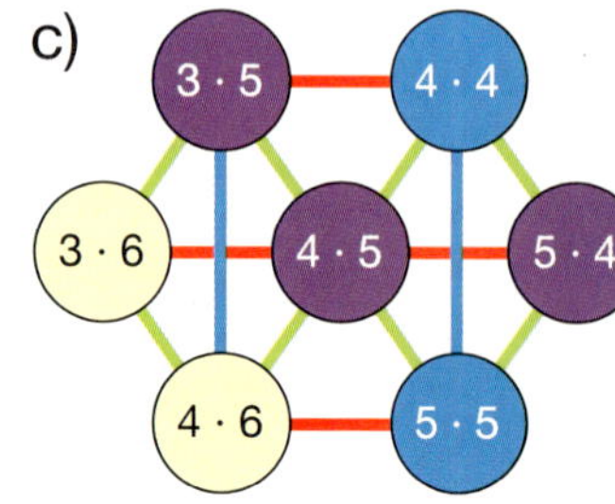

d)
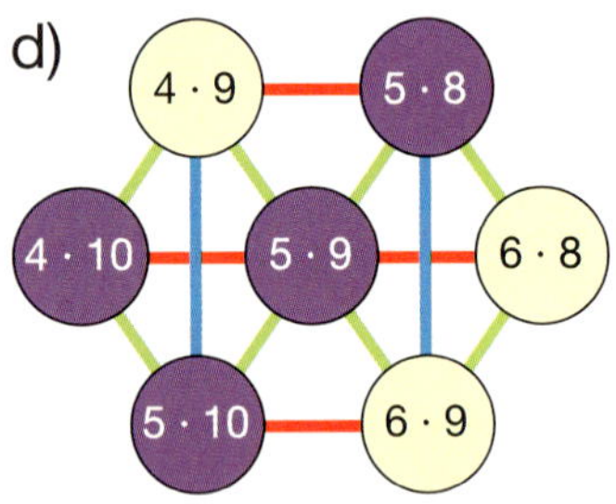

e)
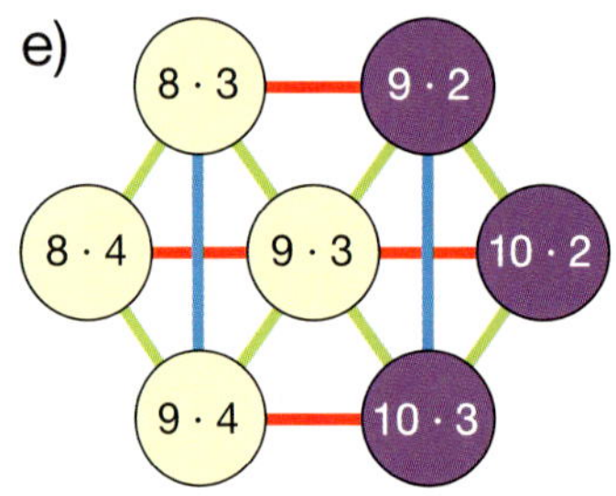

f)
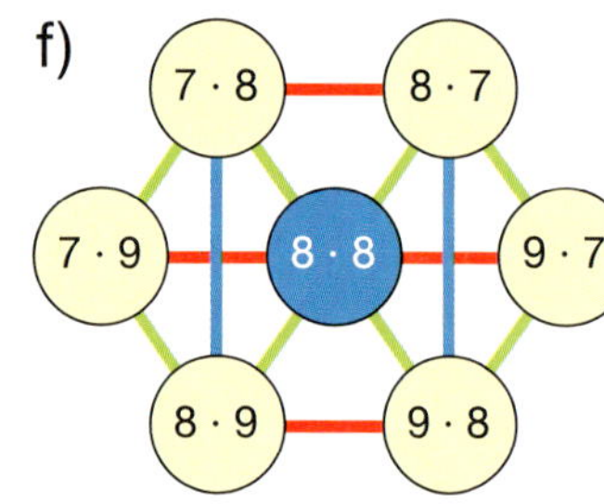

2
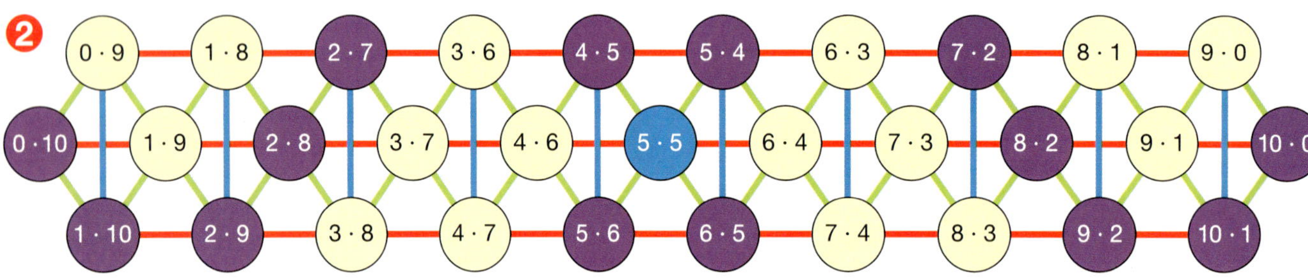

Rechne und suche die fehlenden Aufgaben.

a)
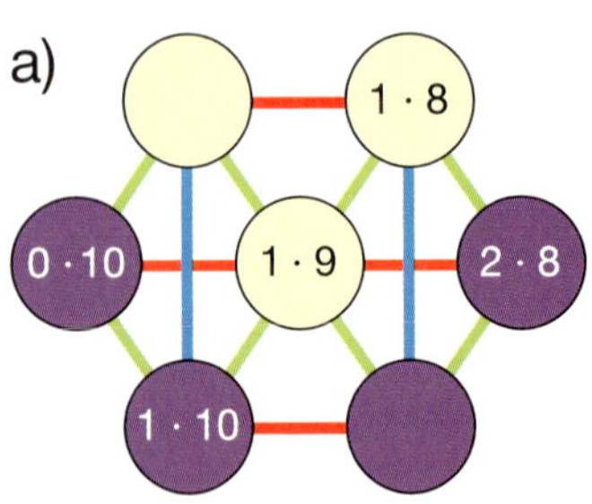

b)
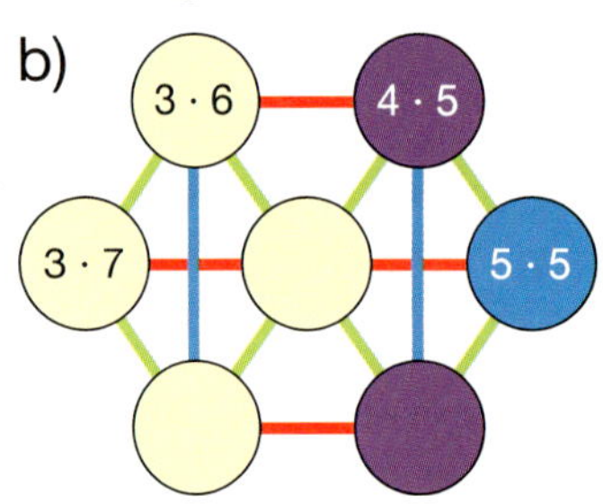

c)
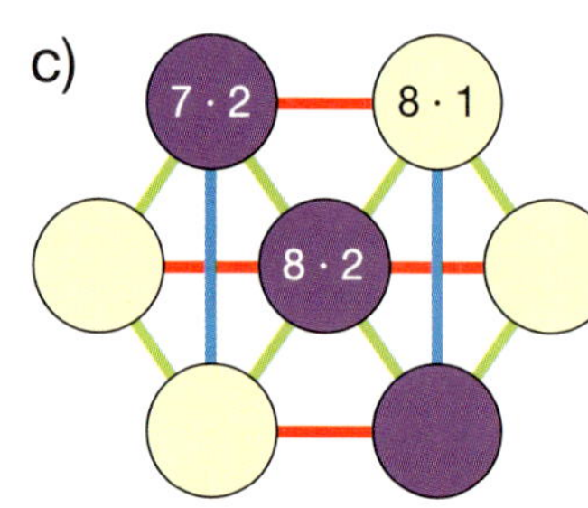

d)
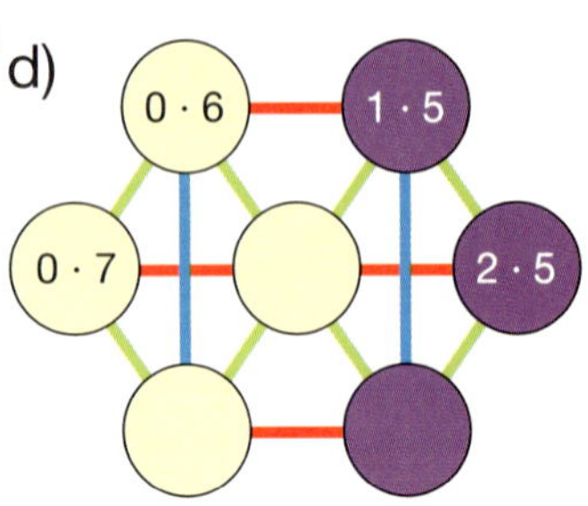

e)
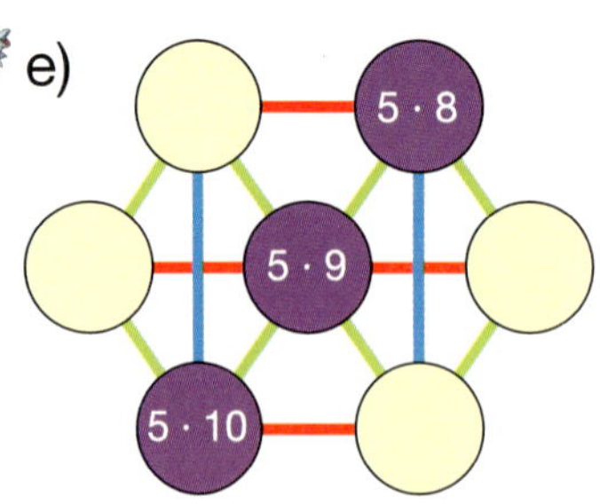

f)
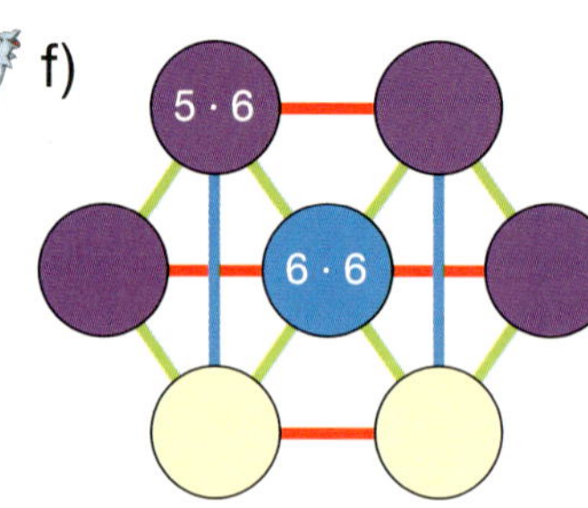

3 Folge der roten Linie. Setze fort.

a)
0 · 9
1 · 8
2 · 7

b)
0 · 10
1 · 9
2 · 8

c)
1 · 10
2 · 9
3 · 8

d) Schreibe selbst Aufgabenreihen an der roten Linie.

1 Aufgaben im Heft rechnen. Selbstgewählte Reihenfolge.
2 Fehlende Aufgaben am Einmaleins-Feld suchen. d) – f) Einmaleins-Feld auf der letzten Buchseite verwenden.

Quadrat – Rechteck – Dreieck – Kreis

1

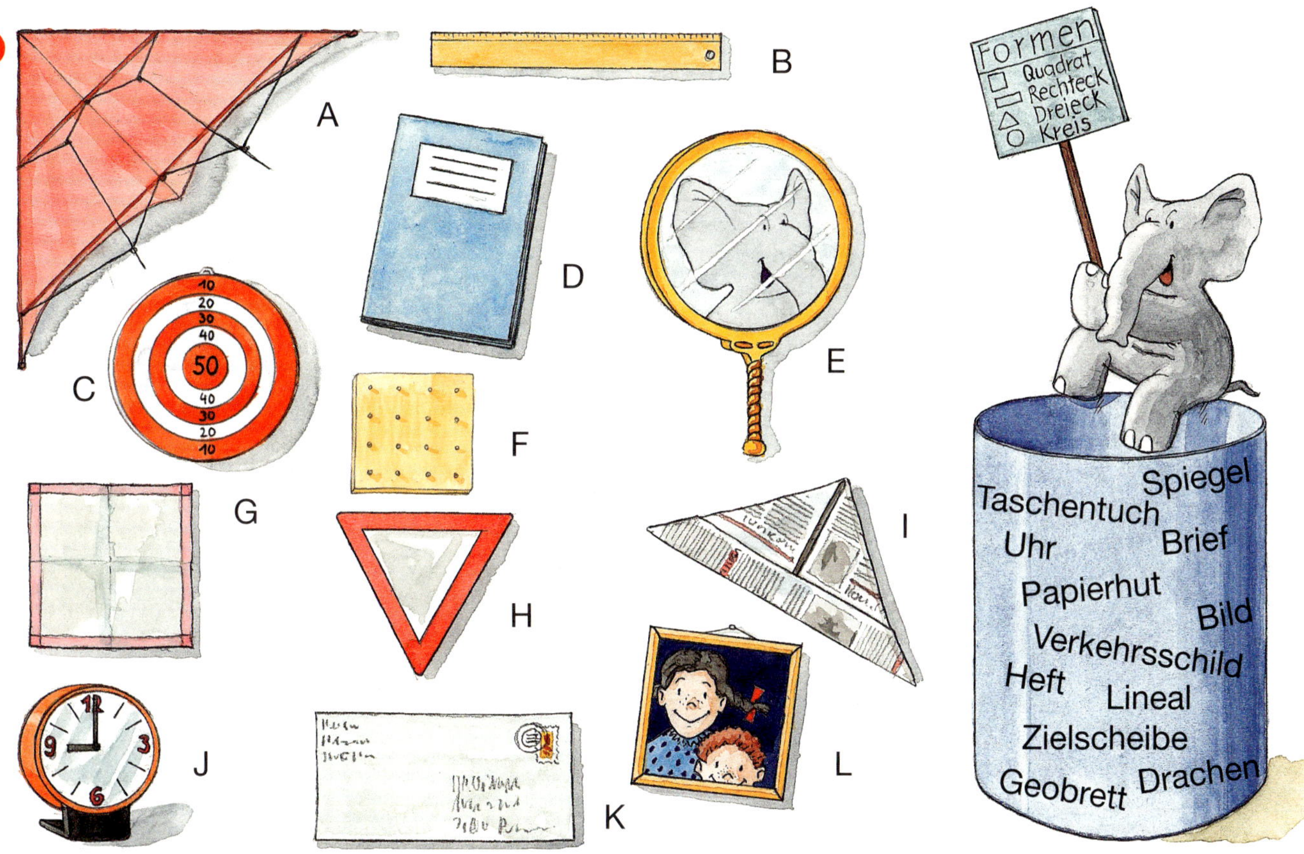

a) Beschreibe die Gegenstände. Welche Formen haben sie?
b) Trage sie in eine Tabelle ein.
c) Findest du noch andere Gegenstände? Trage ein.

□ Quadrat	▭ Rechteck	△ Dreieck	○ Kreis
		A Drachen	

2 Zeichne die Figuren.

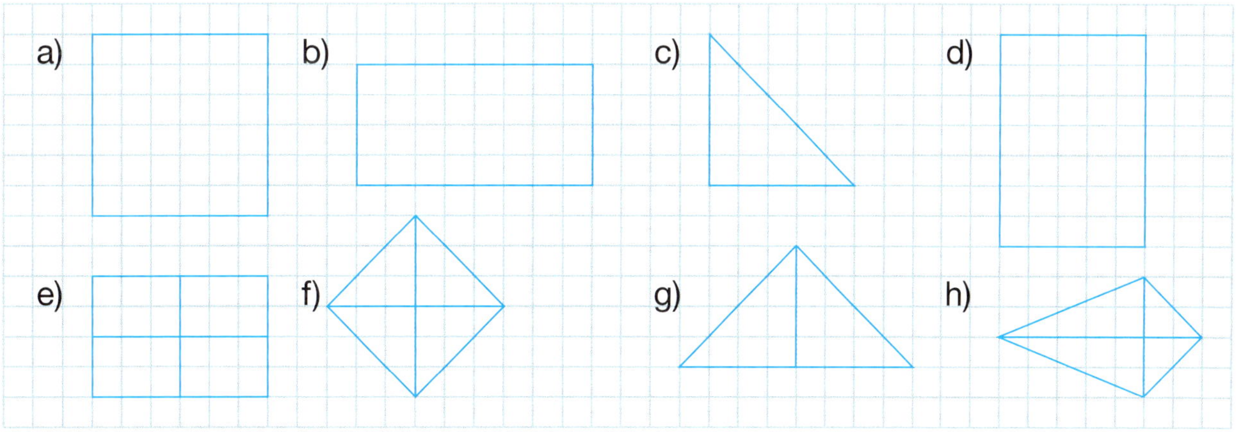

3 Zeichne das Muster.

Vierecke und Dreiecke auf dem Geobrett

1 Wie heißen die Figuren?

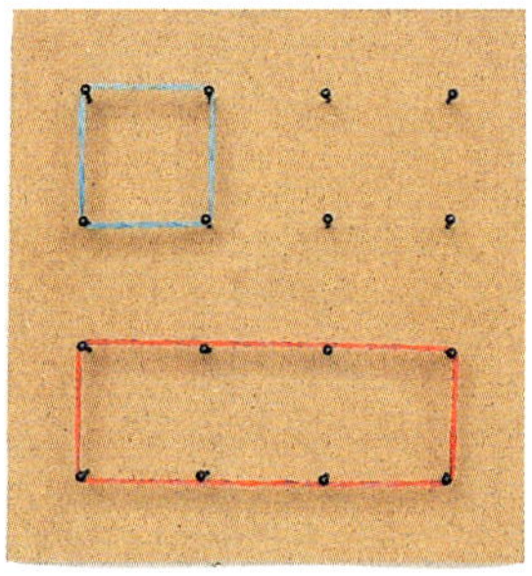

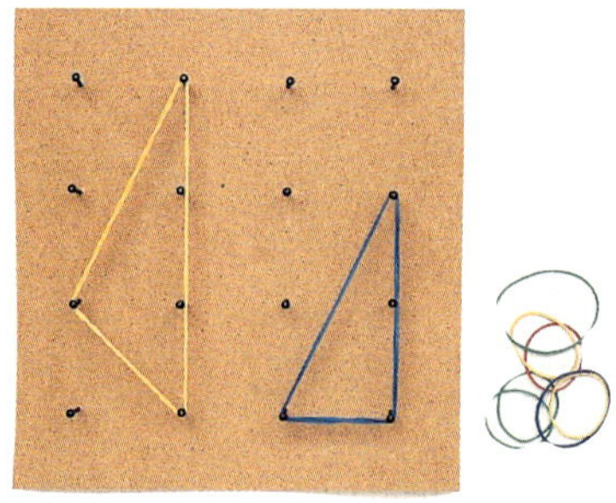

2 Spanne und zeichne Vierecke. Sie sollen sich nicht berühren.

a) 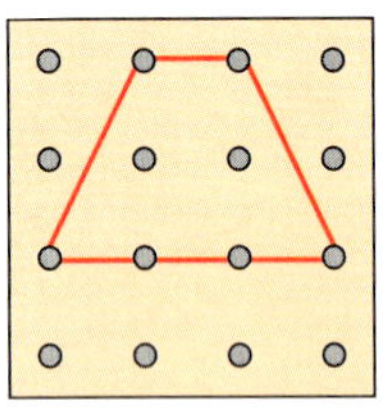

b) 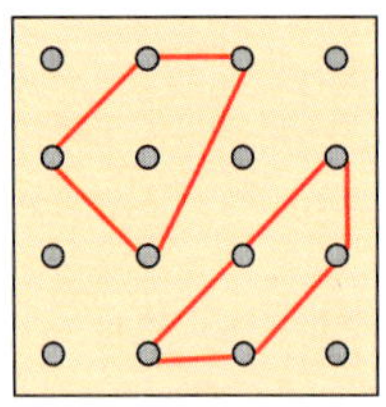

c) 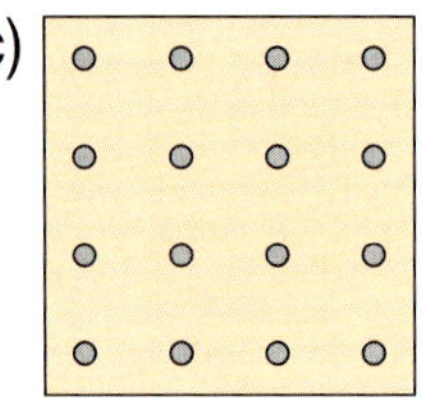

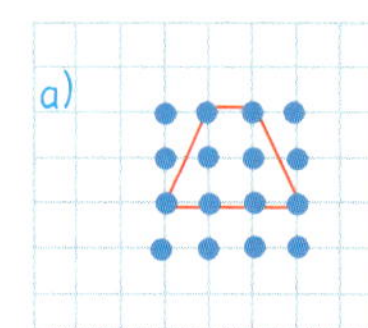

3 Möglichst viele Dreiecke. Sie sollen sich nicht berühren.

a) 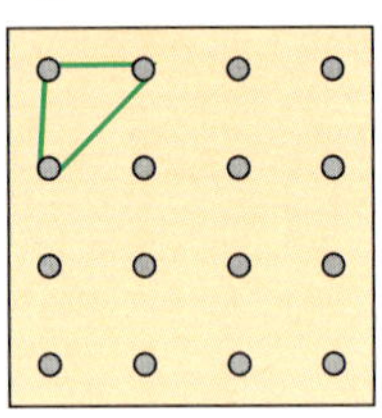

b) 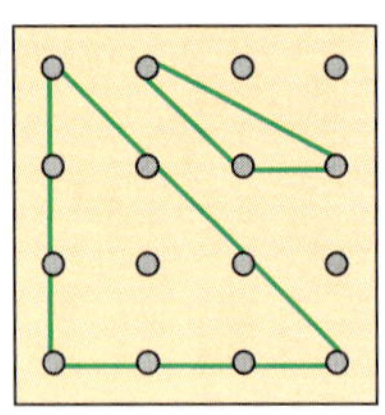

c) 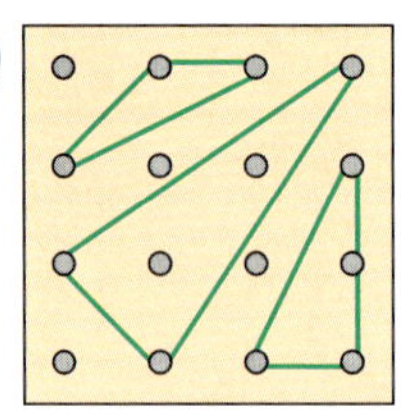

d) 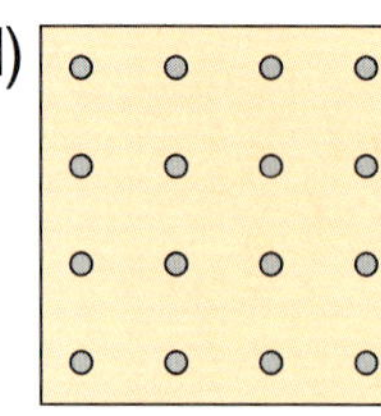

4 Figuren mit 5 Quadraten.

Ali: 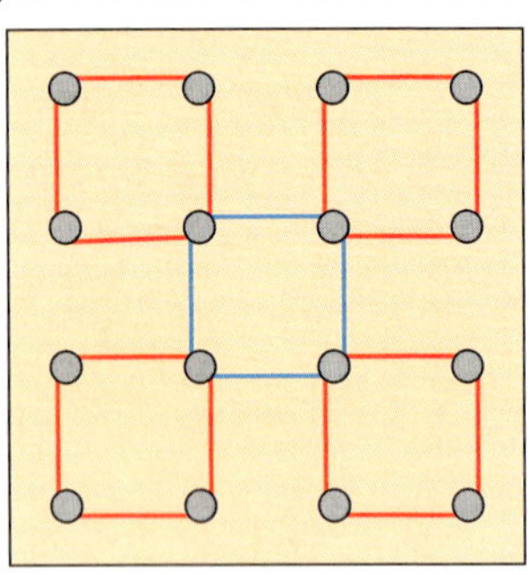

Ina: 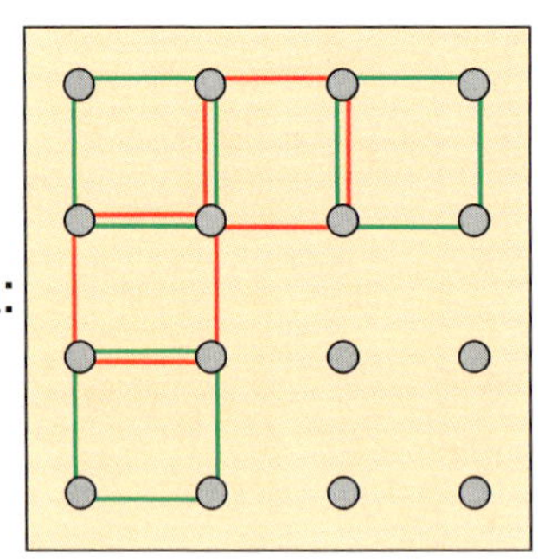

Tim: 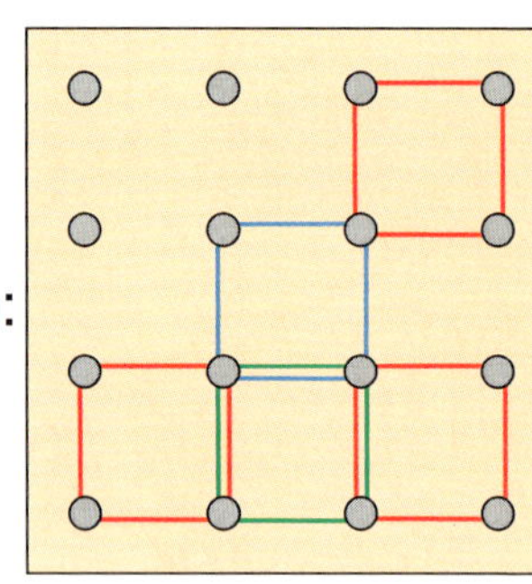

5 Spanne und zeichne Figuren mit 8 Dreiecken.

a) 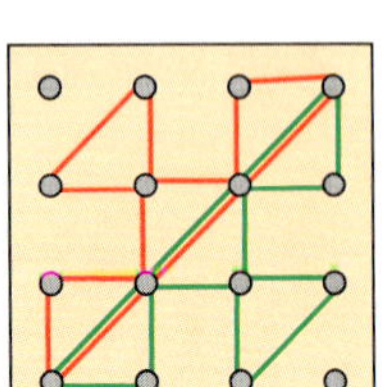

b) 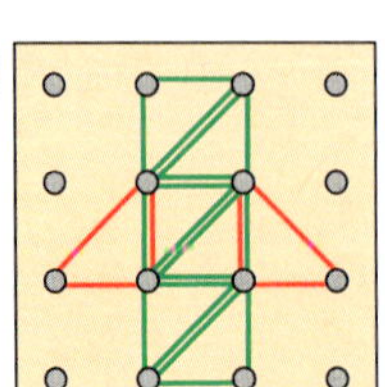

c) 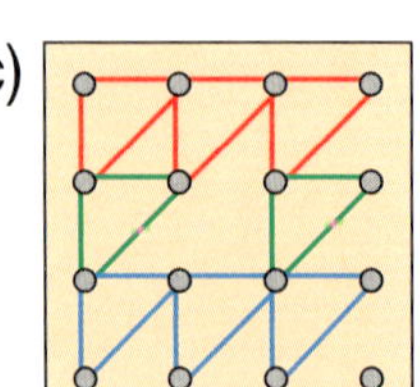

d) 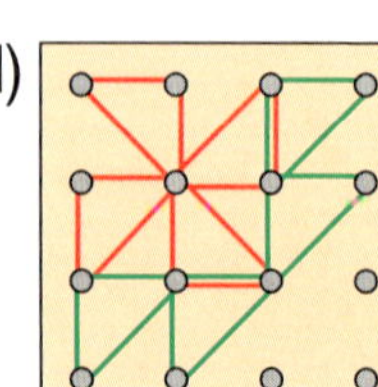

e) 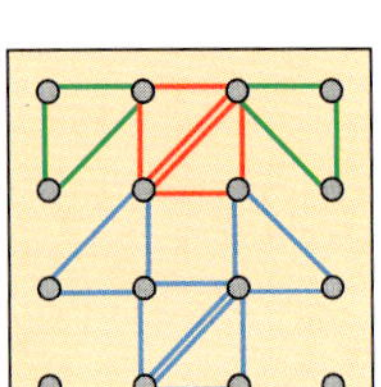

f) 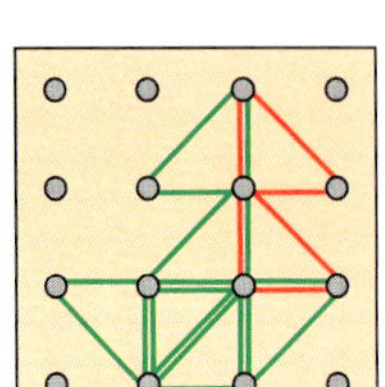

g) 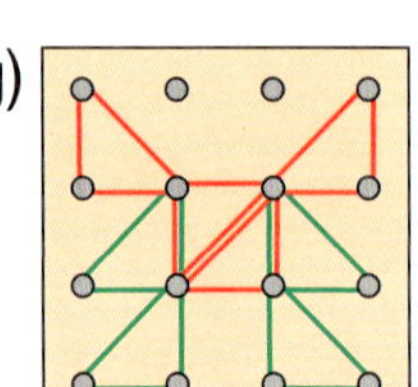

h) 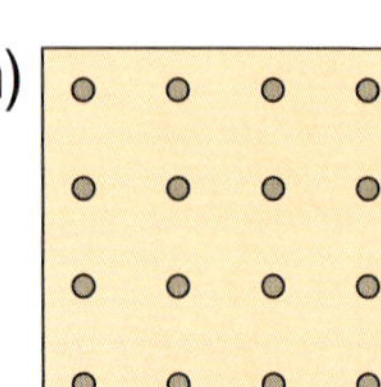

Vierecke und Dreiecke spannen und zeichnen. Einige Figuren sind symmetrisch.
Diff.: Weitere Möglichkeiten finden.

Symmetrische Figuren

1 Prüfe mit dem Spiegel.

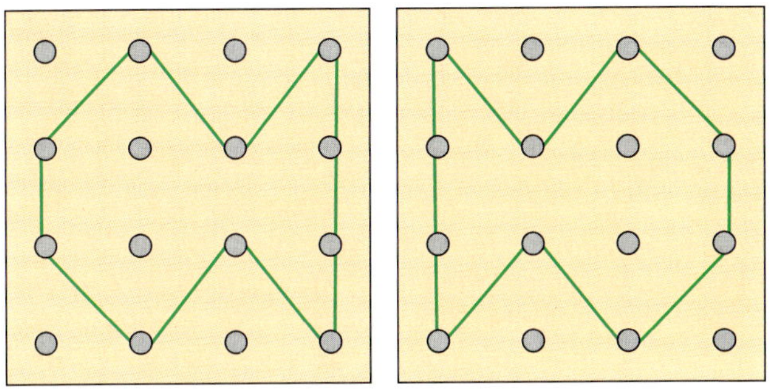

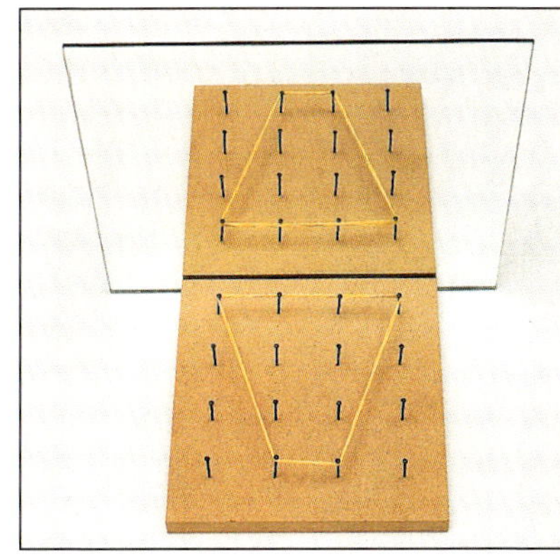

2 Welche Figuren sind zueinander spiegelbildlich? Prüfe mit dem Spiegel.

a)

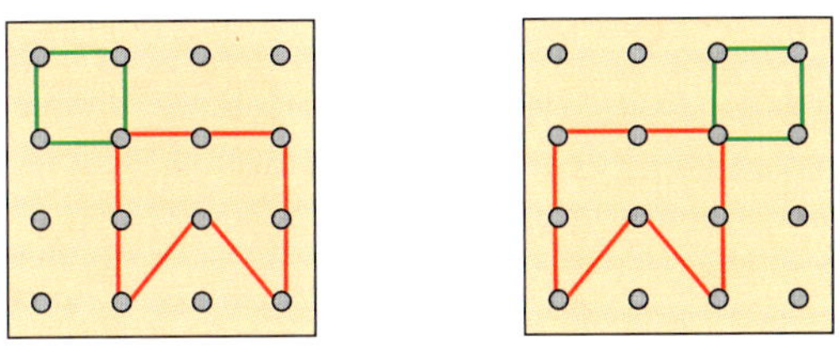

b)

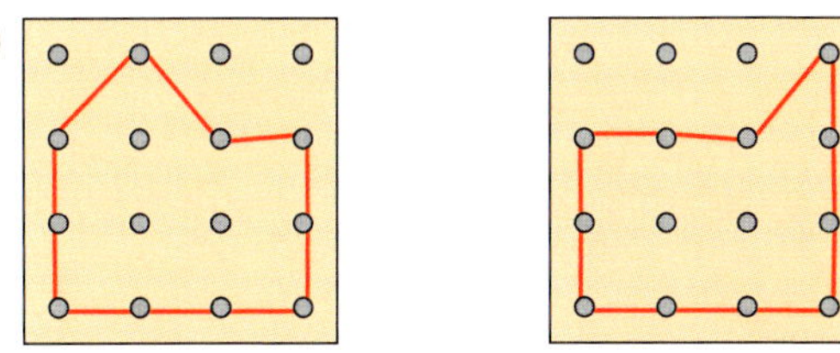

c)

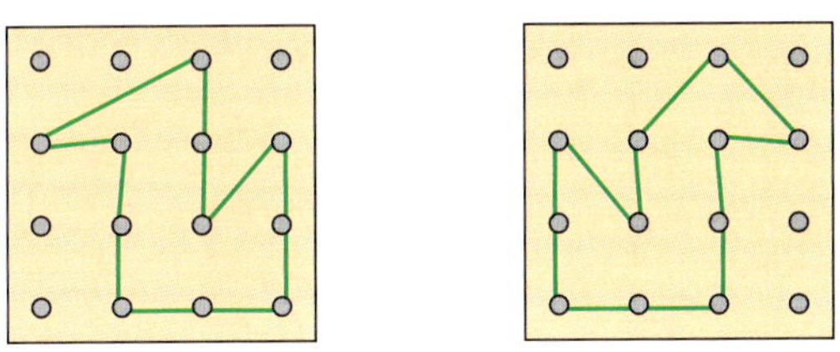

d)

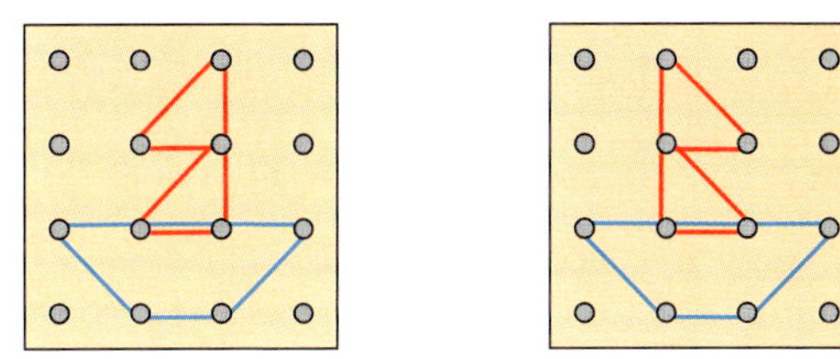

3

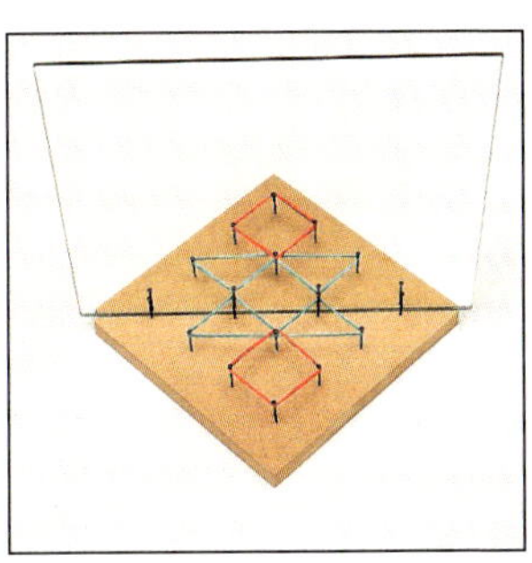

a)

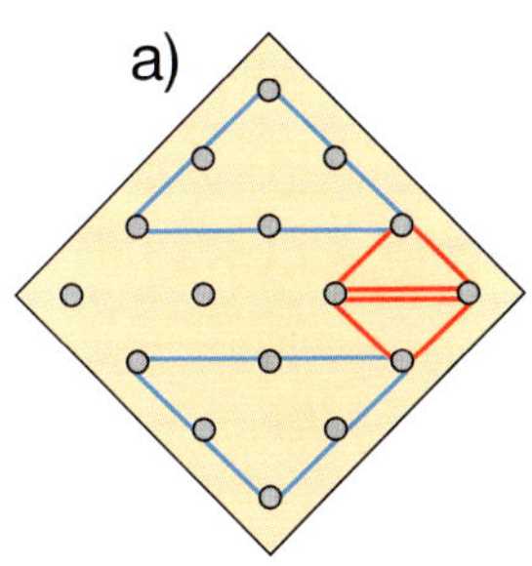

b)

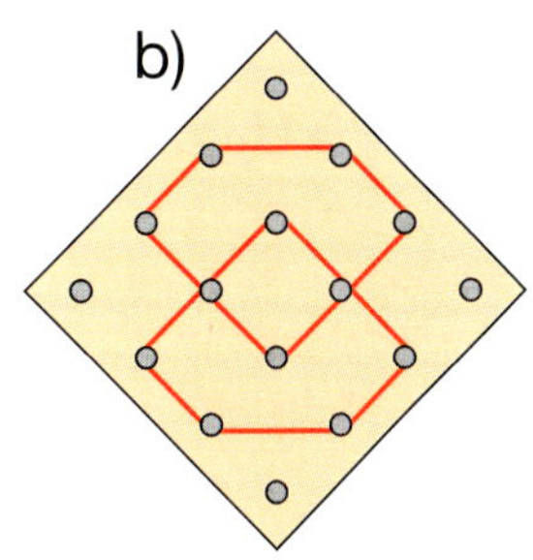

c)

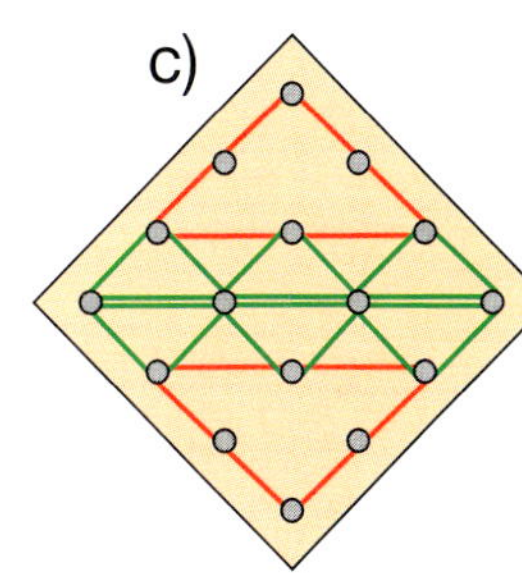

d)

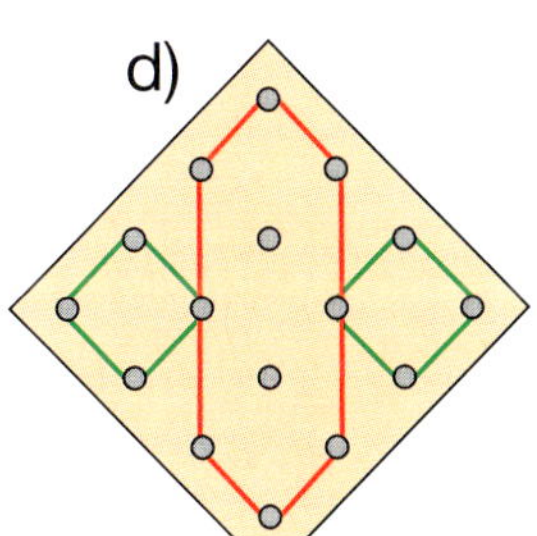

e)

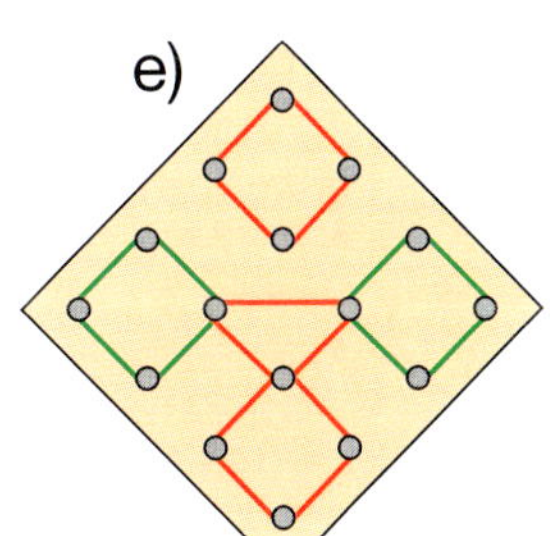

f)

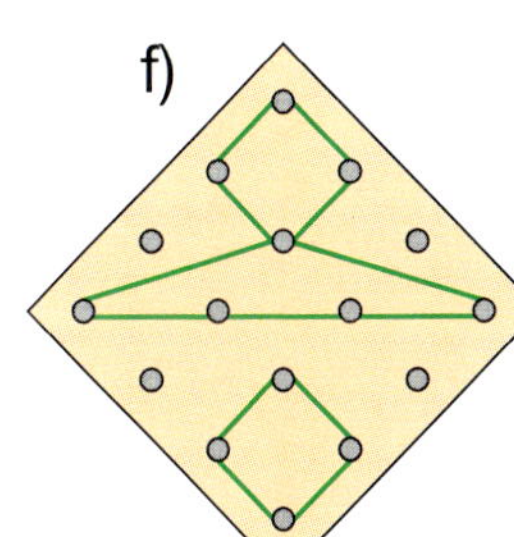

g)

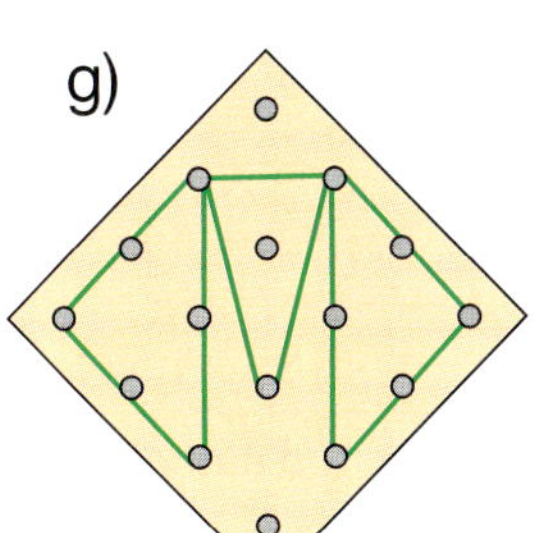

h)

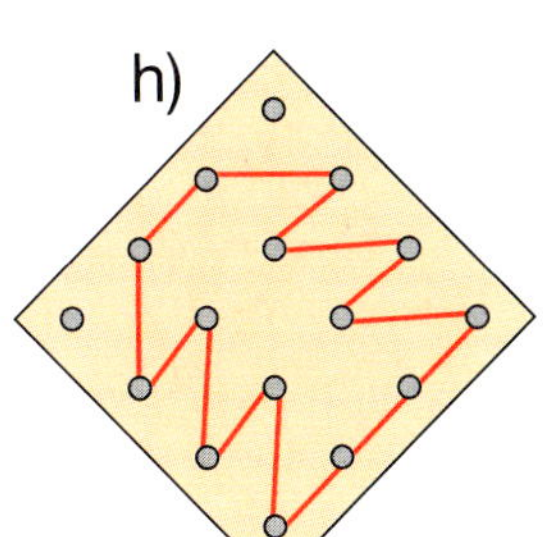

i)

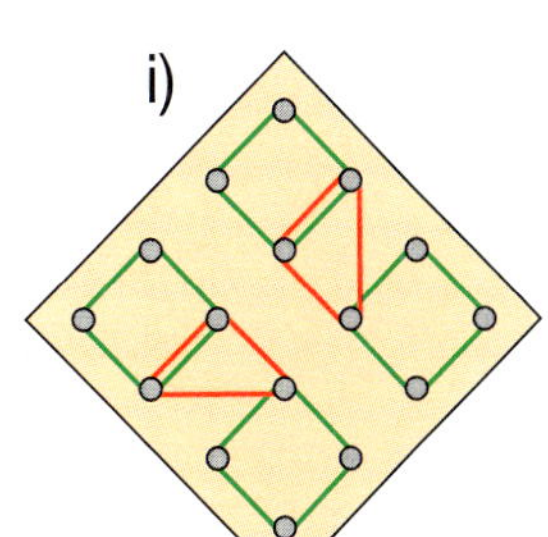

j)

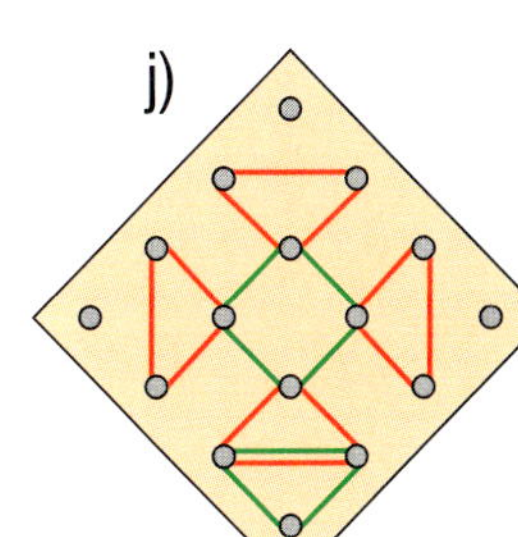

1 und **2** Partnerarbeit: Eigene Figuren spannen. Ein Kind spannt eine Figur, das andere das Spiegelbild.
3 Mit dem Spiegel Symmetrie überprüfen.

Ergänzen

1

Ich habe 24 € gespart.
Wie viel Geld fehlt noch?

RECHENKONFERENZ

24 + 6 + 20 = 50
24 + 26 = 50

Erst zu 30, dann zu 50 ergänzen.

24 + 6 = 30
30 + 20 = 50
24 + 26 = 50

Erst zu 30, dann zu 50 ergänzen.

20 + 30 = 50
24 + 26 = 50

Vom Leichten zum Schweren: Erst von 20 zu 50, dann von 24 zu 50 ergänzen.

Und wie rechnest du?

2

a) 20 + ☐ = 50
23 + ☐ = 50
26 + ☐ = 50

je mehr – desto weniger

b) 10 + ☐ = 50
11 + ☐ = 50
20 + ☐ = 80
27 + ☐ = 80

c) 30 + ☐ = 80
37 + ☐ = 80
10 + ☐ = 70
15 + ☐ = 70

d) 20 + ☐ = 90
28 + ☐ = 90
50 + ☐ = 80
54 + ☐ = 80

24 26 27 30 30 39 40 43 50 53 55 60 60 62 70

3

a)

30	
10	
15	
18	
20	
25	
28	

b)

60	
20	
21	
24	
30	
31	
36	

c)

90	
40	
42	
47	
50	
53	
59	

d)

80	
30	
33	
38	
20	
26	
22	

e)

70	
60	
63	
28	
40	
15	
58	

2 5 7 10 10 12 12 15 20 24 29 30 30 31 36 37 39 40 40 42 42 43 47 48 50 50 54 55 58 60

4

a) 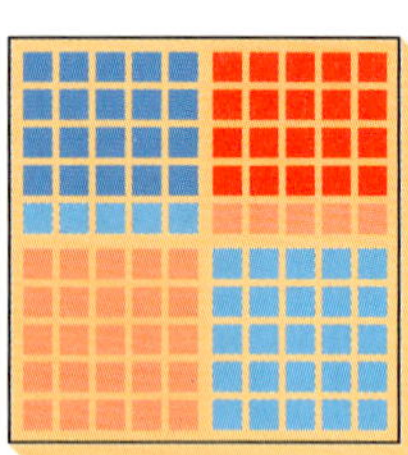
40 + ☐ = 100

b) 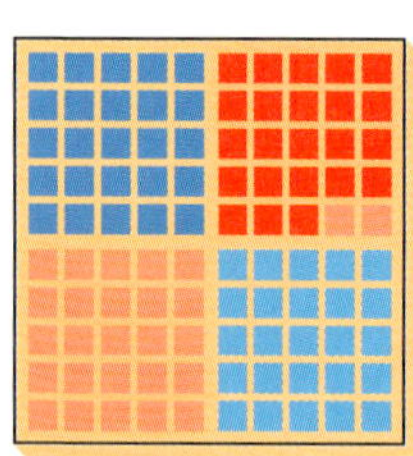
48 + ☐ = 100

c) 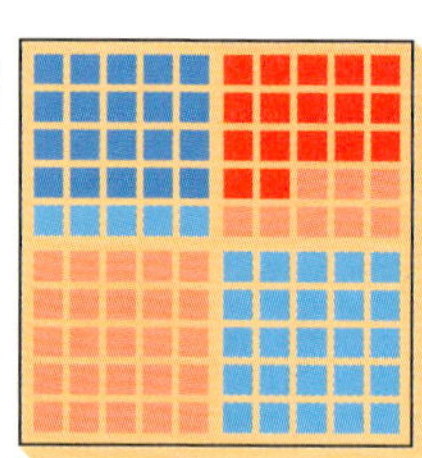
37 + ☐ = 100

d) 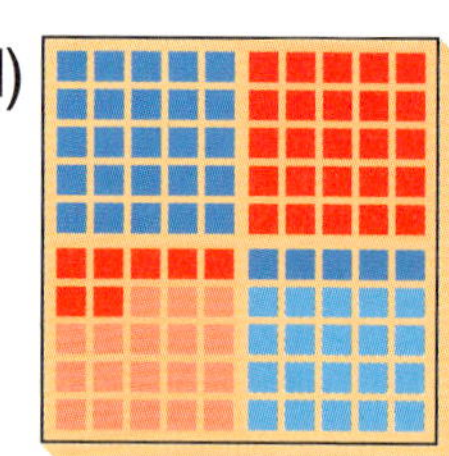
☐ + ☐ = 100

e) 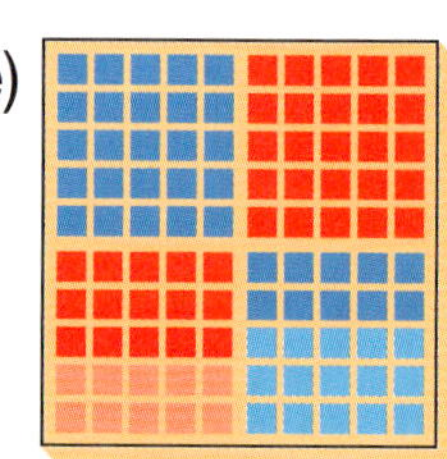
☐ + ☐ = 100

f) 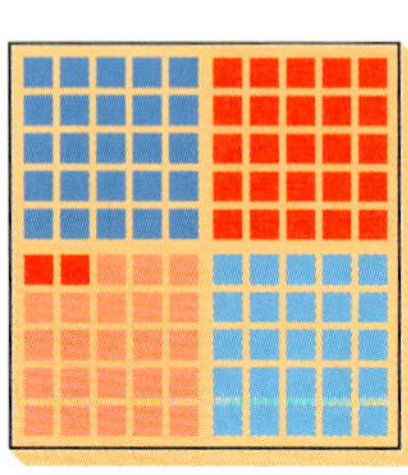
☐ + ☐ = ☐

g) 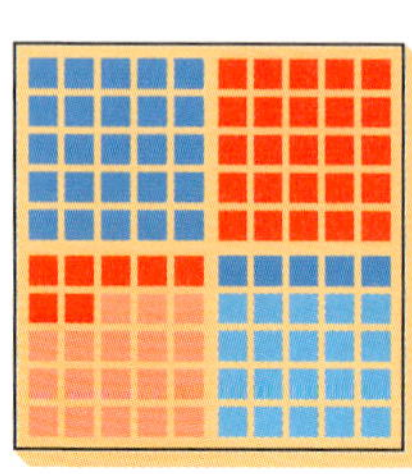
☐ + ☐ = ☐

h) 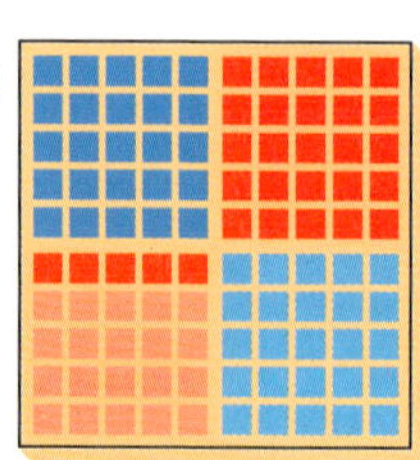
☐ + ☐ = ☐

i) 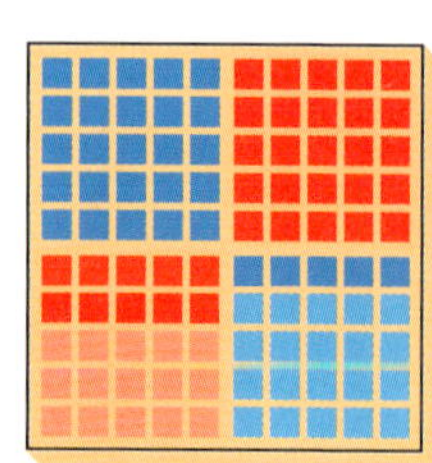
☐ + ☐ = ☐

j) 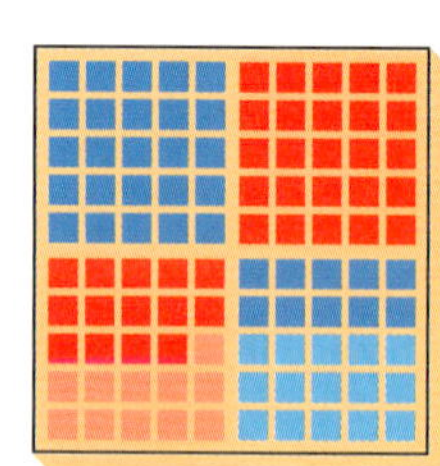
☐ + ☐ = ☐

5

a)

	100	
70		
50		

b)

	100	
70		
58		

c)

	90	
40		
25		

d)

	80	
50		
27		

1 Eigene Rechenwege versuchen. Auch andere Wege erproben und besprechen.
2 Feststellen: Je größer der eine Summand, desto kleiner der andere (bei gleichem Summenwert).
4 Am Hunderterfeld zeigen und ergänzen.

Ergänzen

1

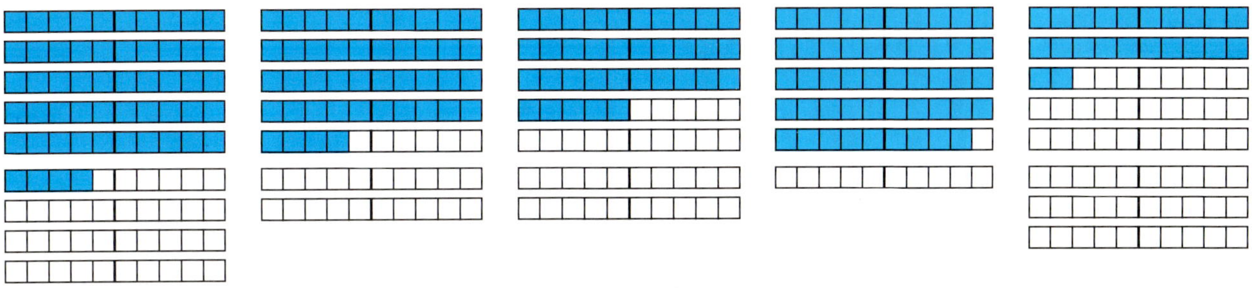

a) 54 + __ = 90 b) __ + __ = 70 c) __ + __ = 70 d) __ + __ = 60 e) __ + __ = 80

2

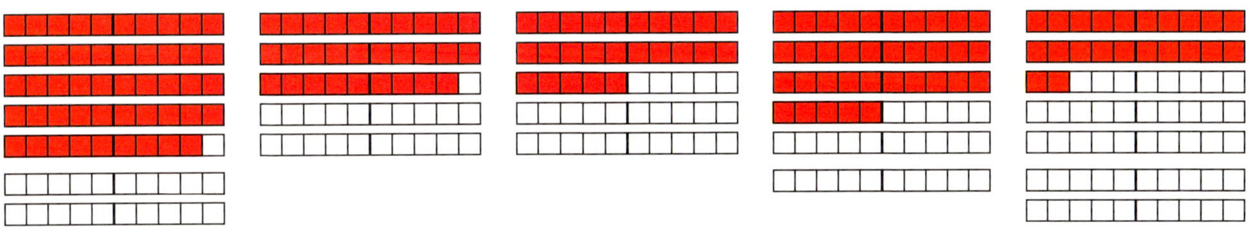

a) __ + __ = 70 b) __ + __ = 50 c) __ + __ = 50 d) __ + __ = 60 e) __ + __ = 70

3

a) 50		b) 40		c) 70		d) 60		e) 90	
43		37		68		45		45	
33		27		58		34		31	
23		17		48		52		17	
26		11		45		21		51	
16		21		35		46		62	
6		31		25		5		9	

2 3 7 8
9 12 13 14
15 17 19 22
23 24 25 26
27 28 29 34
35 39 39 44
45 45 55 59
73 81

4 a) Wie viel ct fehlen noch an 1 €?

88 ct 75 ct 67 ct 5 ct 59 ct 61 ct

12 ct 25 ct 33 ct 39 ct 41 ct 95 ct

b) Wie viel € fehlen noch an 100 €?

47 € 35 € 3 € 16 € 25 € 99 €

1 € 53 € 65 € 75 € 84 € 97 €

5 Gleichungen und Ungleichungen.

a) 26 + __ = 40 g) 26 + __ < 40
b) 48 + __ = 60 h) 48 + __ < 60
c) 37 + __ = 50 i) 37 + __ < 50

d) 25 + __ = 50 j) 25 + __ < 50
e) 15 + __ = 50 k) 15 + __ < 50
f) 13 + __ = 60 l) 13 + __ < 60

6 Gleichungen und Ungleichungen.

a) 15 + __ = 30 g) 15 + __ < 30
b) 44 + __ = 50 h) 44 + __ < 50
c) 29 + __ = 50 i) 29 + __ < 50

d) 32 + __ = 40 j) 32 + __ < 40
e) 8 + __ = 30 k) 8 + __ < 30
f) 7 + __ = 40 l) 7 + __ < 40

7 Aus jedem Stapel eine Schachtel in die Kiste.

a)

b)

a) 10 + 16 + 14 = 40
17 + 8 + = 40

1 Evtl. nachlegen. **6** Alle passenden Zahlen angeben.
7 Aus jedem Stapel jeweils einen Summanden wählen. Das Ergebnis der Additionen steht an der Kiste.

Rechenwege

1 Eine schwere Aufgabe.

47 + 35

40 + 30 + 7 + 5 = 82
Anne

47 + 40 − 5 = 87 − 5 =
Lena

Vergleiche deinen Weg mit den Wegen von Anne, Lena, Tim, Lisa, Jens und Laura.

2 Versuche es schrittweise.

a) 37 + 16 = ☐ b) 46 + 28 = ☐ c) 25 + 36 = ☐

53 61 74

3

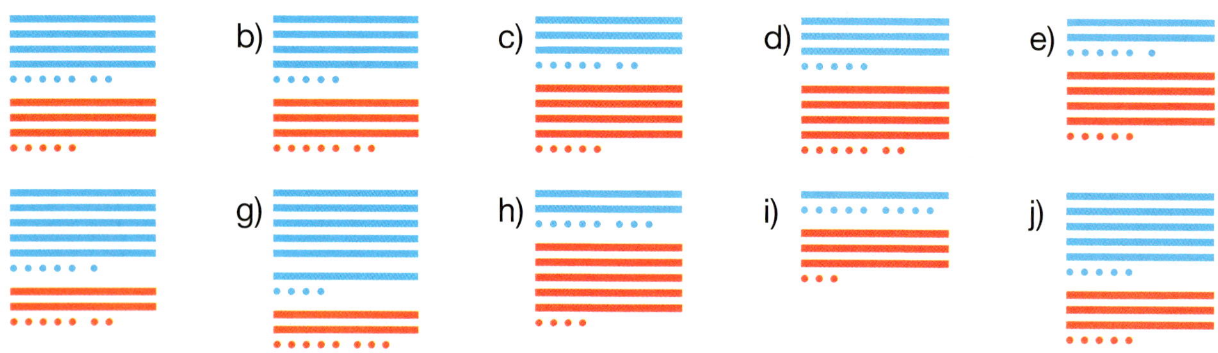

4

a)	b)	c)	d)
26 + 5 = ☐	18 + 7 = ☐	25 + 8 = ☐	43 + 29 = ☐
26 + 15 = ☐	18 + 17 = ☐	25 + 18 = ☐	38 + 38 = ☐
26 + 25 = ☐	18 + 37 = ☐	25 + 28 = ☐	49 + 37 = ☐
26 + 35 = ☐	18 + 57 = ☐	27 + 38 = ☐	56 + 38 = ☐
26 + 45 = ☐	18 + 77 = ☐	27 + 58 = ☐	45 + 47 = ☐
26 + 65 = ☐	18 + 82 = ☐	27 + 68 = ☐	37 + 37 = ☐

25 31 33 35 41 43 51 53 55 61 65 71 72 74 75 76 85 86 91 92 94 95 95 100

5

a)	b)	c)	d)
35 + 7 = ☐	48 + 6 = ☐	27 + 8 = ☐	54 + 7 = ☐
35 + 17 = ☐	48 + 16 = ☐	27 + 18 = ☐	☐ + ☐ = ☐
35 + 27 = ☐	48 + 26 = ☐	27 + 28 = ☐	☐ + ☐ = ☐
35 + 37 =	48 + 36 =	+ 38 = ☐	☐ +

Rechne weiter.

6

a)	b)	c)	d)
20 + 30 = ☐	40 + 20 = ☐	70 + 10 = ☐	50 + 30 = ☐
25 + 30 = ☐	46 + 20 = ☐	73 + 10 = ☐	54 + 30 = ☐
25 + 37 = ☐	46 + 28 = ☐	73 + 19 = ☐	54 + 37 = ☐
25 + 38 = ☐	46 + 29 = ☐	75 + 19 = ☐	56 + 37 = ☐
27 + 38 = ☐	44 + 29 = ☐	75 + 17 = ☐	57 + 37 = ☐
27 + 37 = ☐	44 + 28 = ☐	78 + 17 = ☐	58 + 38 = ☐

7 a)

b)

1 Eigene Lösungen suchen, vergleichen. **2** Schrittweise oder mit Material lösen. **3** Legen, zusammenfassen, rechnen.

RECHENKONFERENZ

40 + 30 = 70
7 + 5 = 12
70 + 12 = 82
Tim

47 + 5 = 52
47 + 15 = 62
47 + 25 = 72
47 + 35 = 82
Lisa

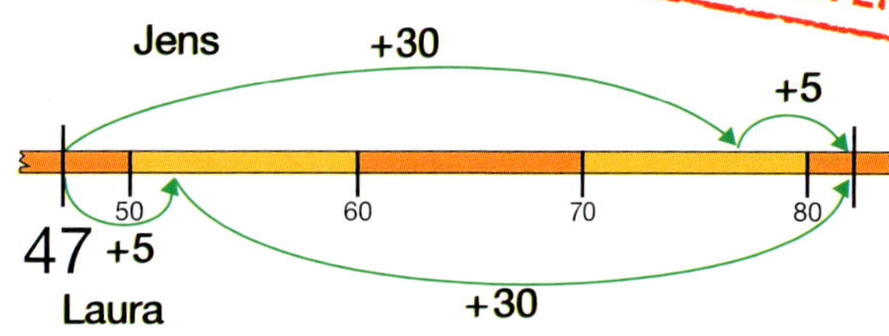

8 a) 56 + 5 = ☐
56 + 15 = ☐
56 + 35 = ☐

56 + 36 = ☐
56 + 37 = ☐
56 + 39 = ☐

b) 23 + 28 = ☐
43 + 28 = ☐
33 + 39 = ☐

13 + 39 = ☐
14 + 17 = ☐
34 + 27 = ☐

c) 25 + 58 = ☐
39 + 25 = ☐
57 + 37 = ☐

45 + 17 = ☐
18 + 19 = ☐
18 + 29 = ☐

d) 29 + 34 = ☐
37 + 59 = ☐
56 + 19 = ☐

49 + 37 = ☐
29 + 66 = ☐
65 + 28 = ☐

31 37 47 51 52 61 61 62 63 64 71 71 72 75 83 86 91 92 93 93 94 95 95 96

9 a)

+	20	25	37	39
40				
43				
30				
35			72	
37				

b)

+	40	46	35	38
30				
34				
20				
26				
48				

c)

+	30	37	26	48
50				
29				
47				
38				
26				

10 a)

b)

c)

11 Vergleiche. Schreibe < oder > oder =.

a) 26 + 28 ◯ 60
27 + 29 ◯ 60
28 + 30 ◯ 60
29 + 31 ◯ 60

b) 16 + 16 ◯ 40
17 + 18 ◯ 40
18 + 20 ◯ 40
19 + 22 ◯ 40

c) 36 + 42 ◯ 75
37 + 40 ◯ 75
38 + 38 ◯ 75
39 + 36 ◯ 75

d) 45 + 37 ◯ 83
48 + 37 ◯ 83
46 + 37 ◯ 83
47 + 37 ◯ 83

12 Welche Klassen könnten mit diesem Bus noch mitfahren?

Mittwoch 2a
25 Personen
Fahrt ins Museum

Mittwoch 2b
27 Personen
Fahrt ins Schwimmbad

Mittwoch 2c
24 Personen
Fahrt ins Wasserwerk

13 a)

b)

10 Aus jedem Stapel jeweils einen Summanden wählen. Die Summe steht auf der Kiste.
11 Vergleichen nach genauer Addition oder Abschätzung.
12 Durch Addition feststellen, welche zwei Klassen für eine Mitfahrt in Frage kommen.

Subtrahieren

1

Erzähle und rechne.

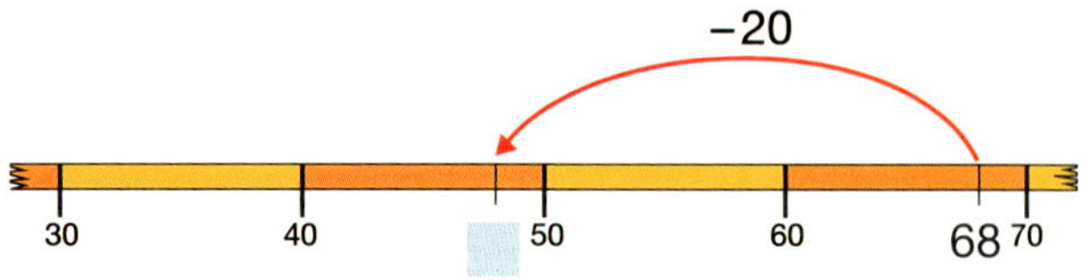

2 Kannst du fortsetzen?

a)	b)	c)	d)	e)
43 – 10 =	94 – 30 =	21 – 20 =	60 – 50 =	16 + 30 – 30 =
53 – 20 =	84 – 30 =	28 – 20 =	54 – 40 =	24 + 30 – 30 =
63 – 30 =	74 – 30 =	35 – 20 =	48 – 30 =	32 + 30 – 30 =
73 –	64	42 –	42 –	40 +
83 –		49 –	36 –	

3

a)	b)	c)	d)	e)
55 – 3	33 – 3	67 – 5	49 – 8	56 – 7
55 – 4	33 – 4	66 – 5	48 – 8	35 – 8
55 – 5	33 – 5	65 – 5	47 – 8	73 – 5
55 – 6	33 – 7	64 – 5	46 – 8	42 – 6
55 – 8	33 – 8	63 – 5	44 – 8	84 – 9
55 – 7	33 – 9	62 – 5	45 – 8	65 – 7

4 a) 87 75 94 − 30 60 6 8

15 27 34 45 57 64 67 69 79 81 86 88

b) 66 74 58 − 20 40 7 9

18 26 34 38 46 49 51 54 57 59 65 67

5 Rechne mit drei Zahlen.

a)	b)	c)	d)
100 – 0 – 5 =	85 – 70 – 3 =	76 – 30 – 4 =	80 – 40 + 40 =
90 – 10 – 4 =	85 – 60 – 4 =	58 – 20 – 7 =	85 – 30 + 30 =
80 – 20 – 3 =	85 – 50 – 5 =	58 – 20 – 9 =	76 – 50 + 50 =
70 – 30 – 2 =	85 – 40 – 6 =	64 – 30 – 5 =	48 – 8 + 8 =
60 – 40 – 1 =	85 – 20 – 7 =	45 – 20 – 7 =	63 – 6 + 6 =

12 18 19 21 29 29 30 31 38 39 42 48 57 58 63 76 76 80 85 95

6 a) 50 Ziehe immer wieder 4 ab. b) 50 Ziehe immer wieder 8 ab.

c) 40 Ziehe immer wieder 3 ab. d) 40 Ziehe immer wieder 6 ab.

Endergebnisse: 1 2 2 4

Wie oft ist das möglich? Vergleicht.

a) 50 – 4 = 46
46 – 4 = 42
42 – 4 =

W **7** a) 3 6 9 7 ● 5 4 8 b) 8 7 5 ● 7 3 6 9

1 und **2** Feststellen, dass sich hier die Einerzahl nicht verändert.
2 e) und **5** d) Feststellen, dass sich hier Addition und Subtraktion aufheben.
2, **3**, **5** Muster in den Aufgabenfolgen erkennen. Diff.: Aus der Reihe fallende Aufgaben anpassen.

Subtrahieren und Addieren

1 50 – 23

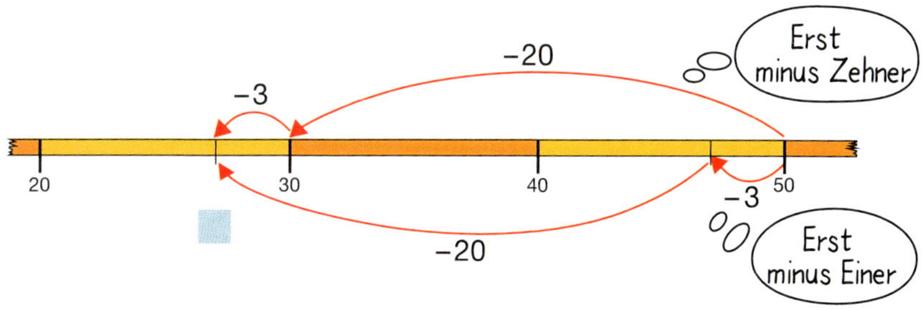

Wie rechnest du?

2 a) 60 – 20 – 3 = ☐ b) 60 – 3 – 20 = ☐ c) 60 – 23 = ☐

3 Kannst du fortsetzen?

a)	b)	c)	d)	e)
50 – 20 =	80 – 30 =	70 – 40 =	90 – 50 =	60 – 20 =
50 – 22 =	80 – 35 =	70 – 43 =	90 – 54 =	60 – 25 =
50 – 30 =	80 – 40 =	70 – 50 =	90 – 60 =	60 – 30 =
50 – 32 =	80 – 45 =	70 – 53 =	90 –	60 –
50 –	80 –	70 –		

4

a)	b)	c)	d)
60 + 20 = ☐	50 + 25 = ☐	60 + 32 = ☐	40 + 34 = ☐
60 – 20 = ☐	50 – 25 = ☐	60 – 32 = ☐	40 – 34 = ☐
70 + 20 = ☐	70 + 25 = ☐	80 + 14 = ☐	30 + 22 = ☐
70 – 20 = ☐	70 – 25 = ☐	80 – 14 = ☐	30 – 22 = ☐

6 8 25 28 40 45 50 52 66 74 75 80 90 92 94 95

5

+	20	23	34	36	25	38
40						
52						
36						
47						
59						

6

–	30	33	20	26	40	48
60						
80						
70						
50						
90						

7

Schulbus Stieldorf	Schulbus Halle	Schulbus Bomlitz	Schulbus Herzberg	Schulbus Merzig
45 Sitzplätze	43 Sitzplätze	37 Sitzplätze	53 Sitzplätze	37 Sitzplätze
55 Stehplätze	48 Stehplätze	55 Stehplätze	47 Stehplätze	45 Stehplätze

8 a) Stapel: 20, 33, 41 | 12, 30, 23 | 10, 30, 20 — Kiste: 73

b) Stapel: 45, 58, 27 | 13, 6, 50 | 14, 40, 20 — Kiste: 91

c) Stapel: 45, 32, 42 | 7, 10, 5 | 9, 15, 27 — Kiste: 64

W **9** a) 18 24 12 6 30 : 3 6 b) 8 16 40 24 32 : 4 8

1 und **2** Die verschiedenen Rechenwege vergleichen.
7 Das Platzangebot jedes Busses berechnen. Diff.: Die Unterschiede berechnen.
8 Aus jedem Stapel jeweils einen Summanden wählen. Die Summe steht auf der Kiste.

1 73 – 25

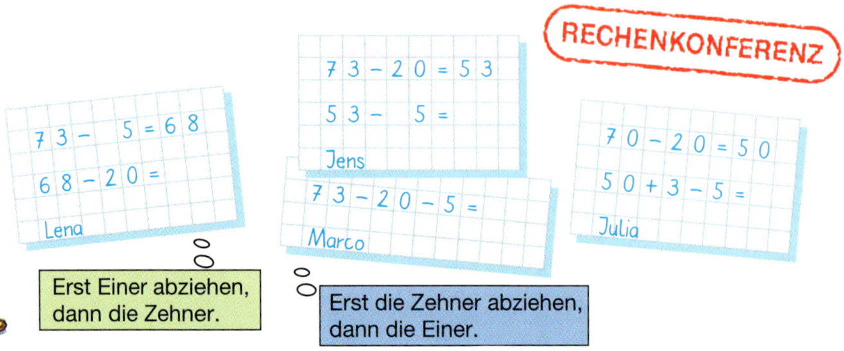

2 Versuche eigene Wege.

a) 43 – 24 = ☐ b) 71 – 33 = ☐ c) 53 – 26 = ☐ d) 84 – 35 = ☐

19 27 38 49

3 a) 63 – 24 b) 63 – 25 c) 74 – 25

Lena rechnet:	Jana rechnet:
63 – 20 – 4 = ☐	63 – 4 – 20 = ☐
63 – 20 – 5 = ☐	63 – 5 – 20 = ☐
74 – 20 – 5 = ☐	74 – 5 – 20 = ☐

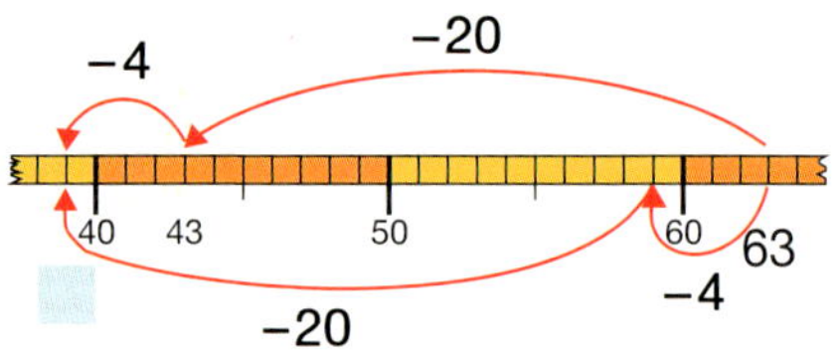

4

a)	b)	c)	d)
34 – 6 = ☐	45 – 8 = ☐	52 – 30 = ☐	63 – 20 = ☐
34 – 16 = ☐	45 – 28 = ☐	52 – 39 = ☐	63 – 26 = ☐
84 – 5 = ☐	65 – 7 = ☐	82 – 40 = ☐	43 – 20 = ☐
84 – 25 = ☐	65 – 57 = ☐	82 – 46 = ☐	43 – 28 = ☐
64 – 8 = ☐	55 – 9 = ☐	92 – 20 = ☐	53 – 30 = ☐
64 – 38 = ☐	55 – 19 = ☐	92 – 27 = ☐	53 – 38 = ☐

8 13 15 15 17 18 22 23 23 26 28 36 36 37 37 42 43 46 56 58 59 65 72 79

5

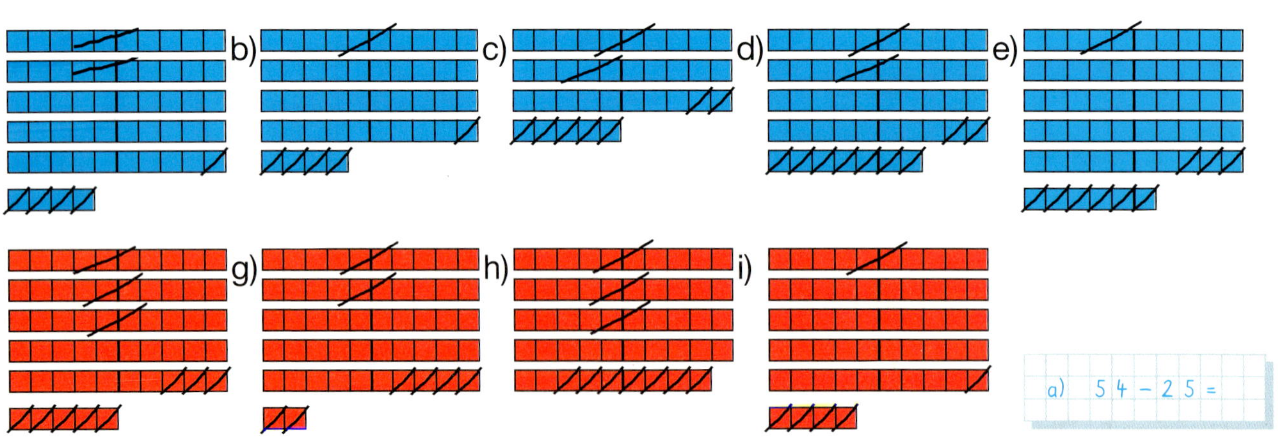

6 a)

–	17	18	19
48			
47			
46			
44			

b)

–	23	25	27
57			
56			
54			
52			

c)

–	35		38
98		61	
96			
94			
92			

1 Jens und Marco gehen den gleichen Weg, notieren nur verschieden.
2, **4**, **6** Mit eigener Strategie rechnen. Evtl. Material legen. **3** Dieselben Aufgaben auf verschiedenen Wegen lösen.

1

2 Setze fort.

a)

43 – 20 =
43 – 19 =
43 – 18 =
43

b)

60 – 37 =
59 – 37 =
58 – 37 =
57

c)

76 – 31 =
75 – 30 =
74 – 29 =

3

a) – 18 →

69	
68	
67	
65	
66	

b) – 36 →

79	
78	
77	
75	
76	

c) – 24 →

54	
74	
82	
42	
51	

d) – 49 →

81	
63	
75	
94	
62	

e) – 25 →

34	
84	
72	
52	
63	

9 13 14 18 26 27 27 30 32 38 39 40 41 42 43 45 47 47 48 49 50 50 51 58 59

4 Unsere Klassenbüchereien.

a) Die Klasse 2 b hat 53 Bücher. 21 Bücher sind zurzeit ausgeliehen.
b) Die Klasse 2 c hat 45 Bücher. 28 Bücher sind ausgeliehen.
c) Die Schule hat 36 neue Bücher gekauft. 12 Bücher davon bekommt die Klasse 1a.
d) Die Klasse 1 b hat 30 Bücher. Auch sie bekommt 12 Bücher dazu.
15 Bücher sind zurzeit ausgeliehen.

5

a) 58 – 15 = ▢
55 – 18 = ▢
45 – 18 = ▢

b) 67 – 32 = ▢
62 – 37 = ▢
92 – 37 = ▢

c) 86 – 53 = ▢
83 – 56 = ▢
93 – 56 = ▢

d) 78 – 24 = ▢
74 – 28 = ▢
58 – 28 = ▢

25 27 27 30 33 35 37 37 43 46 54 55

6

a)

b)

7

a)

–	45	38	17	27
65				
86				
73				
94				

b)

–	34	26	47	59
96				
75				
87				
64				

c)

–	25		
68		20	
86			
57			28
95			

2 Muster in der Aufgabenfolge fortsetzen.

Addieren und Subtrahieren

1

Erzähle – frage – rechne – antworte.

2

a)	b)	c)	d)	e)
62 + 17	43 + 36	74 + 25	88 + 12	65 + 27
62 − 17	43 − 36	74 − 25	88 − 12	65 − 27
35 + 24	51 + 26	63 + 27	54 + 37	46 + 38
35 − 24	51 − 26	63 − 27	54 − 37	46 − 38
27 + 14	32 + 19	75 + 13	46 + 46	54 + 36
27 − 14	32 − 19	75 − 13	46 − 46	54 − 36

0 7 8 11 13 13 17 18 25 36 38 41 45 49 51 59 62 76 77 79 79 84 88 90 90 91 92 92 99 100

3

a) 24, 38, 52
b) 46, 47, 63
c) 39, 39, 78
d) 27, 28, 60
e) 55, 37, 90

Probiere

f) 24, 40, 50
g) 14, 35, 45
h) 27, 53, 63
i) 31, 32, 33
j) 40, 50, 60

4 Ziehe von 100 immer wieder ab:

a) 11 b) 22 c) 13 d) 26 e) 12 f) 24 g) 14 h) 28

Wie oft? Vermute vorher.

Endergebnisse: 1 2 4 4 9 12 16 22

a) 100 − 11 = 89
89 − 11 = 78
78 − 11 =

5

a) 50, 33, 25 | 15, 20, 30 | 40, 22, 20 | 85

b) 36, 29, 27 | 0, 10, 18 | 20, 29, 26 | 65

c) 29, 60, 37 | 13, 30, 38 | 10, 12, 26 | 85

6

a) 34 26 48 + 36 25 47

51 59 62 70 73 73 81 84 95

b) 96 92 84 − 46 27 57

27 35 38 39 46 50 57 65 69

1 Aufgaben unterschiedlicher Schwierigkeit selbst finden.
3 Addieren, Ergänzen, Subtrahieren. Zwei Rechendreiecke zum Knobeln.
4 Anschließend die Aufgabenkolonnen vergleichen. Feststellen: Bei kleinen Minuszahlen viele Aufgaben,…

Vorteilhaftes Rechnen

1

(+20 – 2)

46 + 18

46 + 18 =

2

a) 46 + 20 – 2 =
36 + 20 – 2 =
56 + 20 – 2 =
76 + 20 – 2 =

b) 46 + 18 =
36 + 18 =
56 + 18 =
76 + 18 =

c) 25 + 28 =
45 + 28 =
65 + 28 =
15 + 28 =

d) 25 + 30 – 2 =
45 + 30 – 2 =
65 + 30 – 2 =
15 + 30 – 2 =

3 Rechne geschickt mit vollen Zehnern.

a) (+30 – 2)

+ 28 →	
36	
35	
47	
69	

b)

+ 38 →	
56	
45	
27	
34	

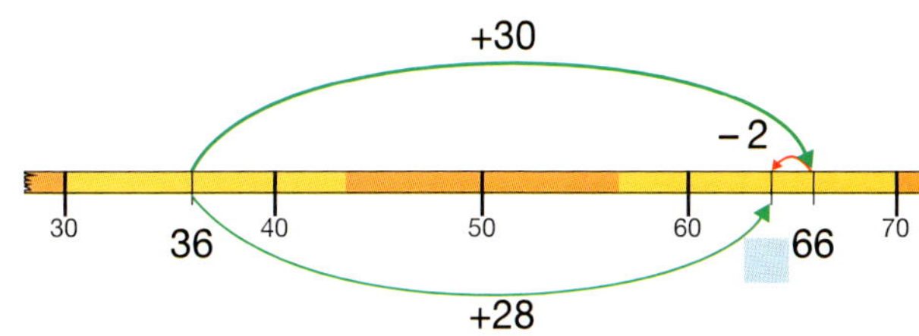

63 64 65 72 75 83 94 97

4 (+20 –)

a)

+ 19 →	
46	
37	
58	
79	

b)

+ 39 →	
23	
34	
15	
56	

c)

+ 29 →	
56	
38	
47	
14	

d)

+ 48 →	
25	
16	
37	
44	

e)

+ 38 →	
45	
34	
26	
57	

43 54 56 62 64 64 65 67 72 73 73 76 77 83 85 85 92 95 95 98

5 Geschickt volle Zehner wegnehmen.

(–20 + 2)

55 – 18

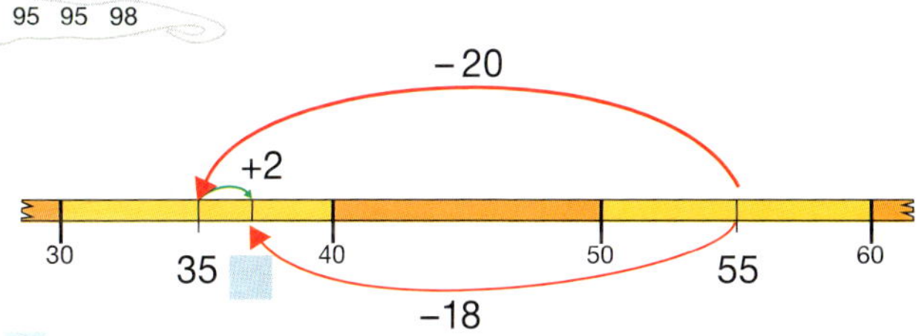

55 – 20 + 2 =

6

a)

– 18 →	
35	
53	
47	
64	

b)

– 48 →	
86	
95	
74	
87	

c)

– 28 →	
53	
65	
84	
76	

d)

– 39 →	
83	
65	
74	
57	

e) (–30 + 1)

– 29 →	
97	
88	
96	
85	

17 18 25 26 26 29 35 35 37 38 39 44 46 47 48 56 56 59 67 68

1 bis **4** Einen zehnernahen Summanden zur Zehnerzahl aufrunden. Anschließend durch Subtraktion ausgleichen.
5 und **6** Zehnernahe Subtrahenden zur Zehnerzahl aufrunden. Anschließend durch Addition ausgleichen.
1 bis **6** Diff.: Die Aufgaben – wie gewohnt – auf eigenen Wegen rechnen.

Entdeckungen an der Hundertertafel

1	2	3	4	5	6	7	8	9	10
11	12	13	14	15	16	17	18	19	20
21	22	23	24	25	26	27	28	29	30
31	32	33	34	35	36	37	38	39	40
41	42	43	44	45	46	47	48	49	50
51	52	53	54	55	56	57	58	59	60
61	62	63	64	65	66	67	68	69	70
71	72	73	74	75	76	77	78	79	80
81	82	83	84	85	86	87	88	89	90
91	92	93	94	95	96	97	98	99	100

1 Suche zwei Zahlen nebeneinander – zusammen ergeben sie

a) 39 b) 79 c) 23 d) 63 e) 83
f) 95 g) 85 h) 75 i) 65 j) 55
k) 31 l) 91 m) 51

a) 19 + 20 = 39

Findest du das Ergebnis 71 ganz schnell?

2 Suche zwei Zahlen untereinander – zusammen ergeben sie

40 + 50 =

a) 90 b) 30 c) 70 d) 50 e) 20
f) 60 g) 80 h) 40 i) 32 j) 78

3 Findest du wieder zwei Zahlen untereinander – mit diesem Ergebnis?
a) 54 b) 56 c) 98 d) 31 e) 46 f) 48 g) 49

Zu welchen Zahlen kannst du kein Paar finden? Warum nicht?

4 Rechne über Kreuz. Fällt dir etwas auf? Erkläre.

a)

13	14
23	24

↙ ☐ ↘ 37

b)

43	44
53	54

c)

6	7
16	17

d)

36	37
46	47

e)

28	29
38	39

f)

25	26
35	36

g)

27	28
37	38

h)

33	34
43	44

i)

44	45
54	55

a) 13 + 24 =
14 + 23 =

5 Findest du die Zahlen in der Hundertertafel?

a)

31	32
41	42

↙ 73 ↘ 73

b) ↙ 93 ↘ 93

c) ↙ 41 ↘ 41

d) ↙ 87 ↘ 87

e) ↙ 89 ↘ 89

W 6 Zeichne und rechne. Setze das Muster immer wieder fort.

a) 30 –15→ ☐ +22→ ☐ –8→ ☐ +20→ ☐ +15→ ☐ –22→ ☐ +8→ 50

b) 35 –15→ ☐ +22→ ☐ –8→ ☐ +20→ ☐ +15→ ☐ –22→ ☐ +8→ ☐

c) 48 –15→ ☐ +22→ ☐ –8→ ☐ +20→ ☐ +→ ☐ –→ ☐ +→ ☐

d) 32 –15→ ☐ → ☐ → ☐ → ☐ → ☐ → ☐ → ☐

1 bis **3** Probieren, Lösungswege finden und erklären. Feststellen, dass bei zwei Zahlen untereinander stets gerade, nebeneinander stets ungerade Ergebnisse entstehen. **4** und **5** Gleiche Ergebnisse.
6 Ausgangszahlen und Endergebnisse vergleichen: Plus und Minus heben sich auf.

Zauberquadrate

1 a)

4	11	6	→ 21
9	7	5	→
8	3	10	→

b)

16	21	14	→
15	17	19	→
20	13	18	→

Rechne Plus-Aufgaben in allen Richtungen. Was entdeckst du?

2 Welche Quadrate sind Zauberquadrate?

a)

9	4	5
2	6	10
7	8	3

b)

8	3	4
1	5	9
6	7	2

c)

24	9	12
3	15	27
18	21	8

d)

8	18	4
6	10	14
16	2	12

e)

10	20	6
8	12	14
18	4	16

3 In diesen Zauberquadraten fehlen Zahlen.

a)

1	8	3
6	4	2
5	0	

b)

4	9	2
		7
8	1	

c)

3		5
	6	
7		9

d)

4		
9	7	
		10

2 3 3 4 5 5 6 6 7 8 8 10 11

4 Immer 30.

a)

4		8
	10	
12		

b)

9		7
	10	
		11

c)

	18	
	10	
	2	12

d)

12		
14		6
4		

e)

7	14	9
	6	

5 Immer 60.

a)

5		
	20	
25		35

b)

		17
	20	
23		21

c)

26		
	20	
18		14

d)

8		
		4
16	12	

e)

	26	
8		32
29		

0 10 11 12 14 15 16 16 17 18 19 20 20 22 22 23 24 24 24 28 28 30 32 36 40

Entdecken: Waagerecht, senkrecht, diagonal – jeweils die gleiche Summe.
Diff.: Entdecken, dass die Zauberzahl das Dreifache der mittleren Zahl ist.

Bauen und Rechnen

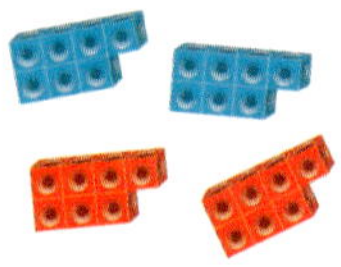

BAU-AG

Baue und rechne.

1

A 

B 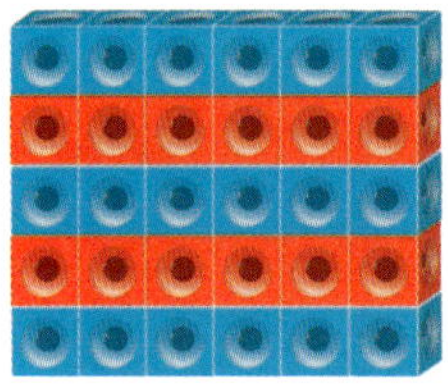

C 

D 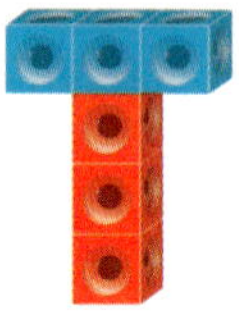

E 

F 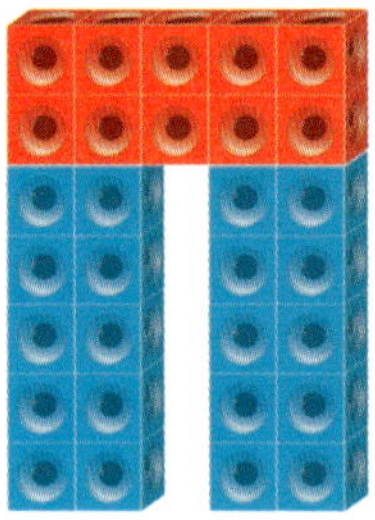

G 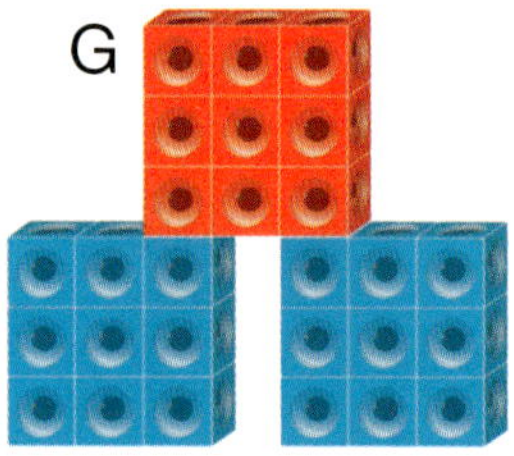

H 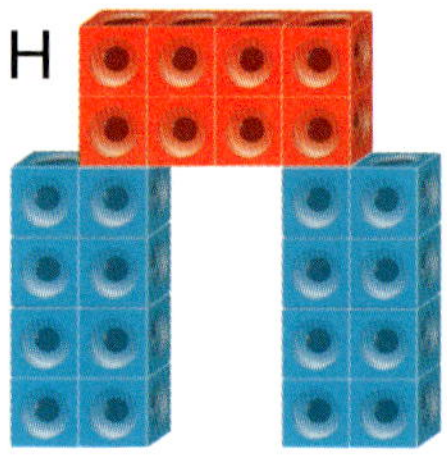

I 

J 

A $4 \cdot 7 = 28$

28 Steckwürfel

2

A 

B 

C 

D 

E 

3

A 

B 

C 

D 

E 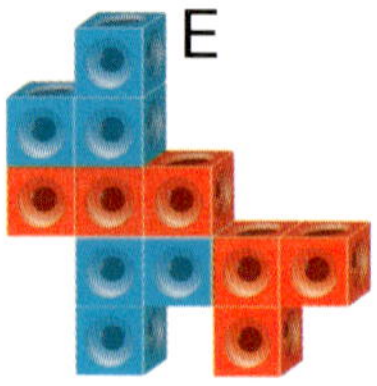

W **4**

a)	b)	c)	d)	e)
$2 \cdot 7 + 4 =$ ☐	$10 \cdot 7 + 6 =$ ☐	$9 \cdot 7 - 3 =$ ☐	$4 \cdot 7 - 5 =$ ☐	$9 \cdot 7 - 6 =$ ☐
$3 \cdot 7 + 4 =$ ☐	$9 \cdot 7 + 6 =$ ☐	$6 \cdot 7 - 3 =$ ☐	$8 \cdot 7 - 5 =$ ☐	$5 \cdot 7 - 6 =$ ☐
$4 \cdot 7 + 4 =$ ☐	$8 \cdot 7 + 6 =$ ☐	$8 \cdot 7 - 3 =$ ☐	$3 \cdot 7 - 5 =$ ☐	$7 \cdot 7 - 6 =$ ☐
$5 \cdot 7 + 4 =$ ☐	$7 \cdot 7 + 6 =$ ☐	$7 \cdot 7 - 3 =$ ☐	$6 \cdot 7 - 5 =$ ☐	$1 \cdot 7 - 6 =$ ☐

1 16 18 23 25 29 32 37 39 39 43 46 51 53 55 57 60 62 69 76

1 bis **3** Immer gleich viele Steckwürfel zusammenfügen. Mit ihnen neue Figuren bauen. Von jeder Figur die Steckwürfelzahl durch Multiplizieren berechnen.

Bauen und Rechnen

1

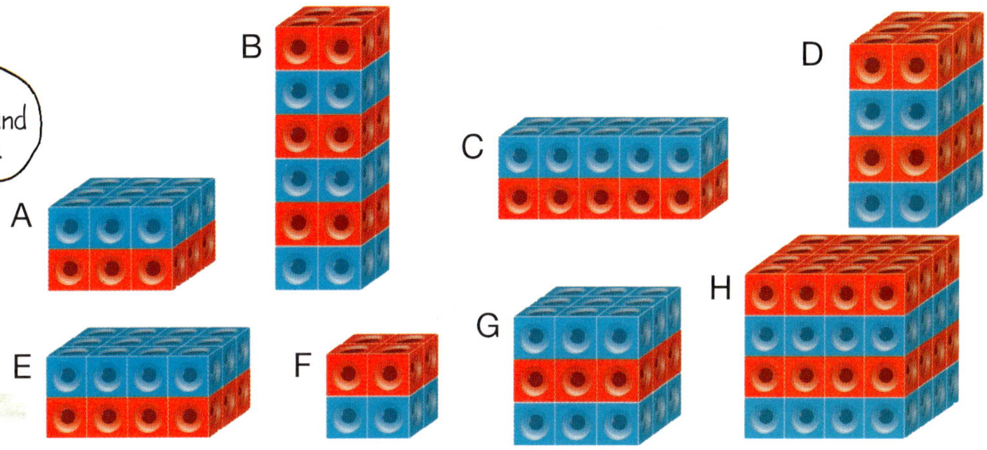

2

3 Schichten		obere Schicht	$4 \cdot 2 =$ ☐	**3**-mal
		mittlere Schicht	$4 \cdot 2 =$ ☐	
		untere Schicht	$4 \cdot 2 =$ ☐	
			$\mathbf{3} \cdot 4 \cdot 2 =$ ☐	

3 Schreibe zu jedem Körper von Aufgabe **1** die Mal-Aufgaben.

8 18 20 24 24 24 27 64

A $2 \cdot 3 \cdot 3 =$

4 Nehmt immer 36 Steckwürfel und baut Quader.
Schreibt auch die Mal-Aufgaben. Was fällt euch auf?

Wie viele verschiedene Quader schafft ihr?

5 Baut und rechnet. Welches sind Quader, welches Würfel?

a)	b)	c)
$4 \cdot 2 \cdot 2 =$ ☐	$2 \cdot 2 \cdot 2 =$ ☐	$2 \cdot 2 \cdot 7 =$ ☐
$2 \cdot 2 \cdot 6 =$ ☐	$3 \cdot 3 \cdot 5 =$ ☐	$2 \cdot 3 \cdot 6 =$ ☐
$3 \cdot 3 \cdot 3 =$ ☐	$5 \cdot 2 \cdot 4 =$ ☐	$2 \cdot 4 \cdot 5 =$ ☐
$2 \cdot 3 \cdot 2 =$ ☐	$2 \cdot 2 \cdot 4 =$ ☐	$1 \cdot 1 \cdot 1 =$ ☐

1 8 12 16 16 24 27 28 36 40 40 45

W **6**

a)	b)	c)	d)	e)
7 ◯ 7 = 49	28 ◯ 4 = 7	56 ◯ 7 = 8	45 ◯ 9 = 5	42 ◯ 6 = 7
7 ◯ 7 = 1	28 ◯ 7 = 21	56 ◯ 7 = 63	45 ◯ 5 = 50	42 ◯ 6 = 36
7 ◯ 7 = 14	28 ◯ 4 = 32	56 ◯ 8 = 7	45 ◯ 9 = 36	42 ◯ 7 = 6
7 ◯ 7 = 0	28 ◯ 7 = 4	56 ◯ 8 = 48	45 ◯ 5 = 9	42 ◯ 7 = 49
7 ◯ 1 = 8	28 ◯ 7 = 35	56 ◯ 8 = 64	45 ◯ 5 = 40	42 ◯ 6 = 48

W **7**

a) 70 90 68 85 73 94 **−** 40 5 7 9

28	30	33	45	50	54	59	61
61	63	63	64	65	66	68	76
78	80	81	83	85	85	87	89

b) 40 63 35 24 52 45 **+** 30 6 9 24

30	33	41	44	46	48	49	51
54	54	58	59	61	64	65	69
69	70	72	75	76	82	87	93

5 3 Würfel.

Erzählen. Sachaufgaben lösen.

1 a) 86 Bücher lagen auf dem Verkaufsstand.
40 Bücher wurden schon verkauft.
Wie viele Bücher sind noch da?

b) 92 Comics waren im Angebot.
50 wurden verkauft.

2 a) 95 CDs waren im Sonderangebot.
36 wurden schon verkauft.
Wie viele CDs sind noch da?

b) 63 Kassetten lagen auf dem Tisch.
45 wurden verkauft.

3 a) Der Trainingsanzug kostet 53 Euro.
Frau Meyer hat der Kassiererin 60 Euro gegeben.

b) Der Fußball kostet 36 Euro.
Ali bezahlt mit einem 50-Euroschein.

c) Die Sporttasche kostet 42 Euro.
Vater bezahlt mit 100 Euro.

4 a) Anna hat 50 Euro zum Geburtstag bekommen.

b) Lisa hat 80 Euro gespart.

c) Meike hat 20 Euro.

5

	CD	Buch	Spiel	Schuhe	Pullover	Hose
Preis	22 €	12 €	28 €	74 €	48 €	78 €
gegeben	30 €	20 €	50 €	100 €	100 €	100 €
zurück						

6

	Spiel	Pullover	Ball	CD-Rom	Buch	Socken
Preis						
gegeben	100 €	100 €	40 €	50 €	30 €	50 €
zurück	25 €	32 €	8 €	23 €	6 €	17 €

5 und **6** Tabelle abzeichnen oder Kopiervorlage nutzen.

Die Sonnenuhr

Baut eine Sonnenuhr.

Beobachtet an der Sonnenuhr:

- Wie weit wandert der Schatten des Stabs in einer Stunde?

Beobachtet an der Sonnenuhr:

- Wann ist der Schatten des Stabs genauso lang wie der Stab?
- Kannst du jetzt die Höhe eines Baumes herausbekommen?

Messt:

- die Größe von Kindern eurer Klasse.
- die Größe der Schatten dieser Kinder zu verschiedenen Zeiten.

Was stellt ihr fest?

Probiert mit einer Lampe aus: Wie verändert sich das Schattenbild, wenn ihr die Lampe bewegt?

Schattenlänge des Stabs

Datum	9 Uhr	12 Uhr
2.5.	25 cm	20 cm
4.6.	21 cm	16 cm
6.6.	20 cm	15 cm

Heike, Sven

Beobachte an der Sonnenuhr:

- Ist der Schatten des Stabs länger oder kürzer als der Stab?
- Schreibe zu verschiedenen Zeiten und an mehreren Tagen auf!

In Gruppen arbeiten.

Uhrzeit – Tag und Stunden

1

▢ Uhr morgens

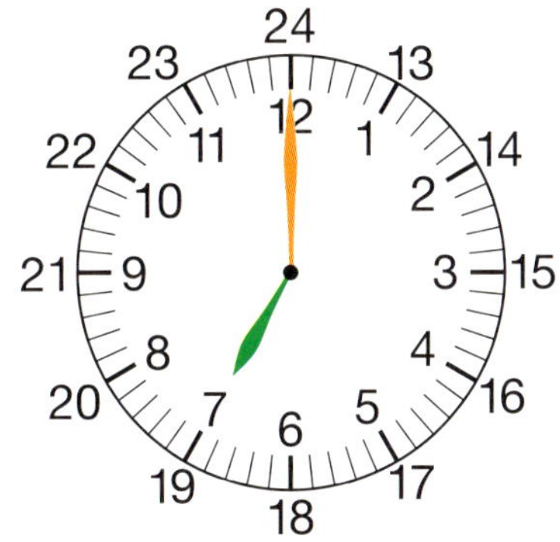

1 Tag hat ▢ Stunden

▢ Uhr abends

2 Wie spät ist es?

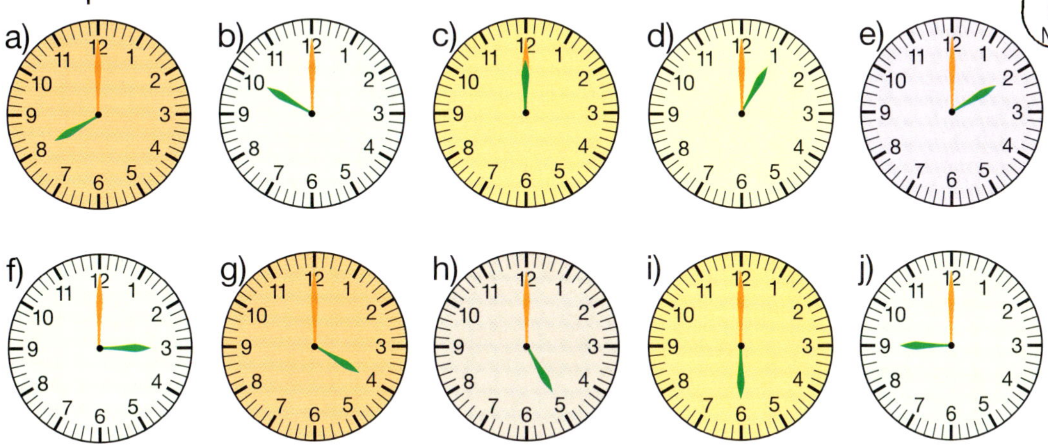

a) 8 Uhr
20 Uhr

3 Lies die Uhrzeit und stelle deine Spieluhr.

a) 03:00 b) 05:00 c) 08:00 d) 10:00 e) 12:00 f) 13:00

g) 14:00 h) 16:00 i) 18:00 j) 20:00 k) 21:00 l) 00:00

4

Samstag

KIDS' TV

9.00	**Teletubbies (ab 3)**	83-095-636
9.25	**Bananas (ab 4)**	91-124-094
9.30	**Walter Mellon (ab 8)**	66-983-013
9.40	**Streng geheim! (ab 8)**	86-249-636
10.30	**Kinderweltspiegel (ab 9)** Nachrichten für Kids	25-143-926
10.55	**Spiel Box**	58-874-926
11.00	**Ein Kind mit Namen Jesus (ab 6)** Trickserie	29-170-988
11.28	**Musik Box**	366-496-433
11.30	**Die Sendung mit der Maus (ab 3)** Geschichten	29-173-075

Welche Sendungen willst du sehen?
Wie lange dauern sie?

Stelle ein.

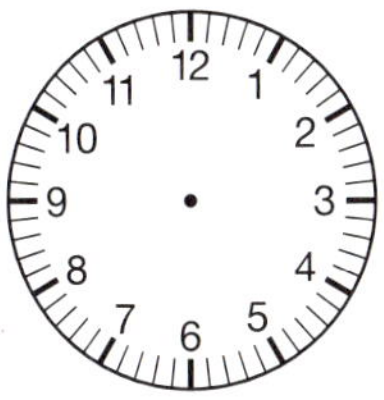

Sonntag

KIDS' TV

9.00	**Teletubbies (ab 3)** The Pier (auf Englisch)	93-191-864
9.25	**Bananas (ab 4)**	91-220-222
9.30	**Bailey Kippers (ab 8)**	25-226-203
9.55	**Startaxi (ab 7)** Gast: die Popgruppe Vengaboys	81-304-593
10.00	**Tierisch was los (ab 5)**	39-698-796
10.25	**Rückkehr zum Jupiter (ab 8)** Serie. Die Geister	60-276-864
10.50	**Zuschauer der Woche**	29-170-988
11.00	**Käpt'n Blaubär (ab 5)**	17-011-715

2 Eine Spieluhr aus Pappe basteln.
4 Im aktuellen Fernsehprogramm Lieblingssendungen aussuchen. Uhrzeiten und Dauer herausfinden. Evtl. Uhr einstellen.

Uhrzeit – Stunden und Minuten

1

Es ist ___ Uhr.

Der Minutenzeiger wandert
in der Stunde einmal im Kreis.
Zähle die Minutenstriche.

1 Stunde hat ___ Minuten.
1 h = ___ min.

Wie weit wandert der Stundenzeiger
in derselben Zeit?

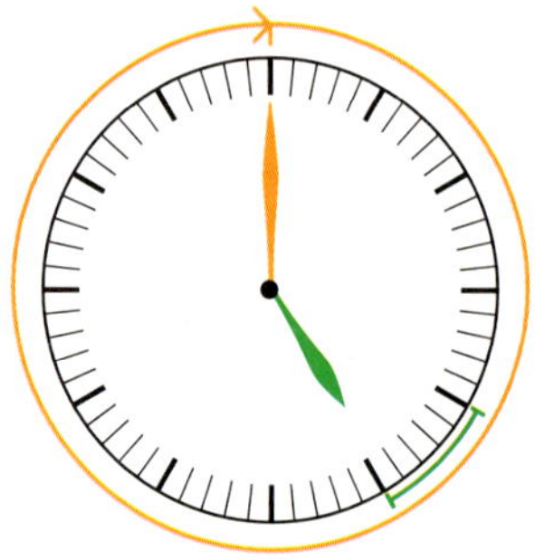

Es ist ___ Uhr.

2 Stelle deine Spieluhr. Lass die Zeiger wandern.

Es ist 08:00 Uhr.

Es ist 08:30 Uhr.

Eine halbe Stunde hat ___ Minuten.

3

Es ist ___ Uhr.

Es ist ___ Uhr.

Eine Viertelstunde hat ___ Minuten.

4 a)

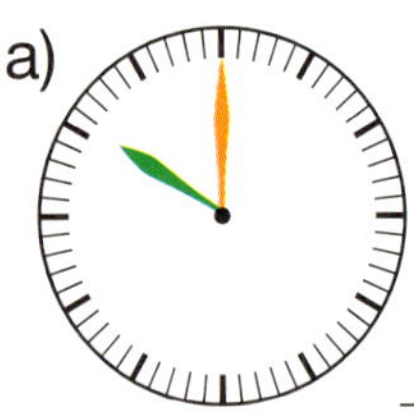

10:00 Uhr

15 min →

___ Uhr

___ min →

___ Uhr

___ min →

___ Uhr

b)

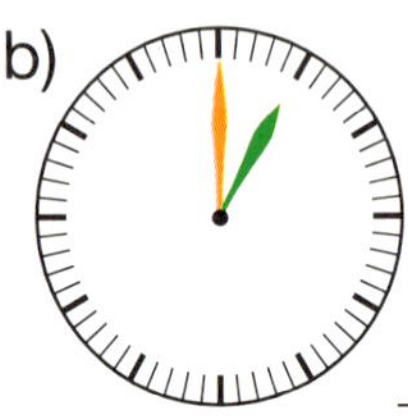

___ Uhr

___ min →

___ Uhr

___ min →

___ Uhr

___ min →

___ Uhr

5 Wie viel schaffst du?

a) 1 Minute lang zählen.

b) 5 Minuten lang Wörter schreiben.

Kannst du auch 5 Minuten schweigen?

c) Eine Viertelstunde lang laufen.

d) Eine halbe Stunde leise lesen.

Wie die Zeit vergeht!

4 Uhrzeiten ablesen, Zeitspannen berechnen. Diff.: Gesamtzeitspannen berechnen.

Stundenplan

Pausenzeiten der Bachschule

08:00 Uhr

1. Stunde
Sachunterricht

Pause

___ Uhr
___ Uhr

2. Stunde
Mathematik

___ Uhr

Pause

___ Uhr

3. Stunde
Musik

Pause

___ Uhr
___ Uhr

4. Stunde
Religion

___ Uhr

Pause

11:45 Uhr

5. Stunde
Sport

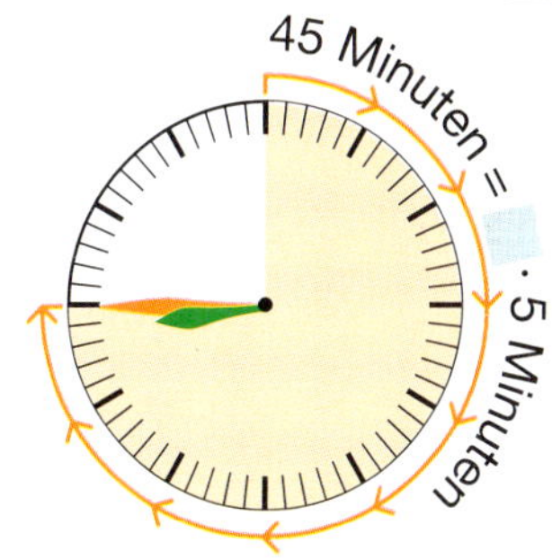

1 $9 \cdot 5$ min = ___ min
Eine Schulstunde hat ___ min.

2 a) Wann endet die erste Stunde?
b) Wann beginnt die zweite Stunde?
c) Wann beginnt die große Pause?

3 a) Wie lange dauert die große Pause in der Bachschule?
___ · 5 min = ___ min
b) Wie viel Minuten Pause sind es insgesamt an einem Tag?
___ · 5 min = ___ min

4 a) Wann endet die dritte Stunde?
b) Wann endet die vierte Stunde?
c) Wann endet die fünfte Stunde?

5 a) Anna hat am Montag um 12:30 Uhr Schulschluss.
Sie braucht für den Heimweg 20 Minuten.
b) Wie lange brauchst du für deinen Heimweg?

6 Wie sieht dein Stundenplan am Montag aus?
Zeichne für 5 Minuten immer ein Kästchen.
Schreibe die Zeiten auf.

7 Wie viel Minuten Pause hast du am Montag?

1 bis **4** Fünfminutengliederung des Stunden- und Pausenrasters erkennen.
5 bis **7** Auf die eigene Situation übertragen.

Rechtecke – Muster – Multiplizieren

1 Wie viele Kästchen hat dieses Rechteck?

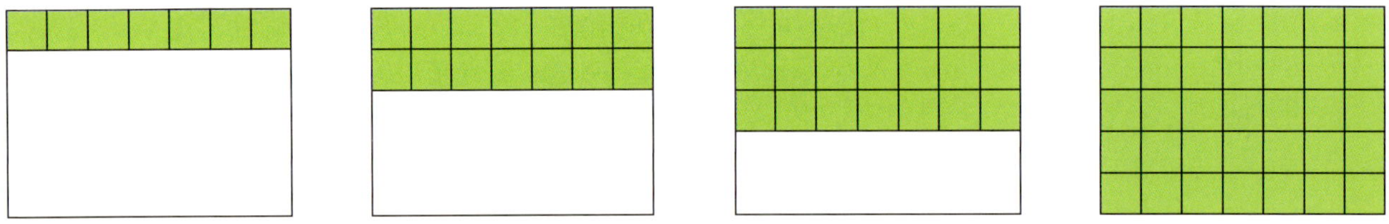

In einer Reihe ▢ Kästchen.

In zwei Reihen 2 · ▢ = ▢ Kästchen.

In drei Reihen 3 · ▢ = ▢ Kästchen.

In allen Reihen ▢ · ▢ = ▢ Kästchen.

2 Rechne zu jedem Rechteck zwei Mal-Aufgaben.

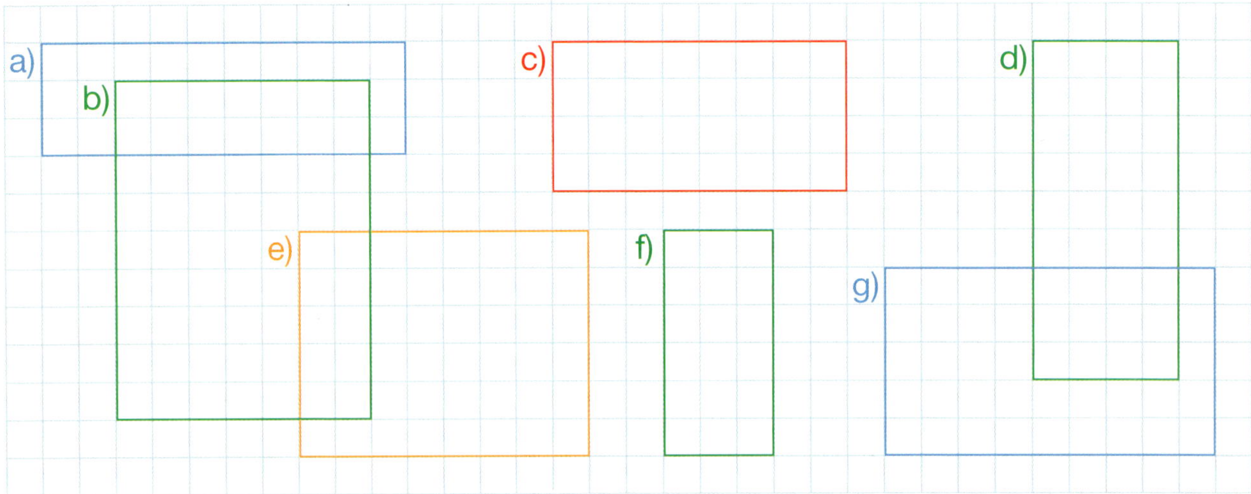

3 Wie viele Kästchen haben diese Muster? Erkläre deinen Rechenweg.

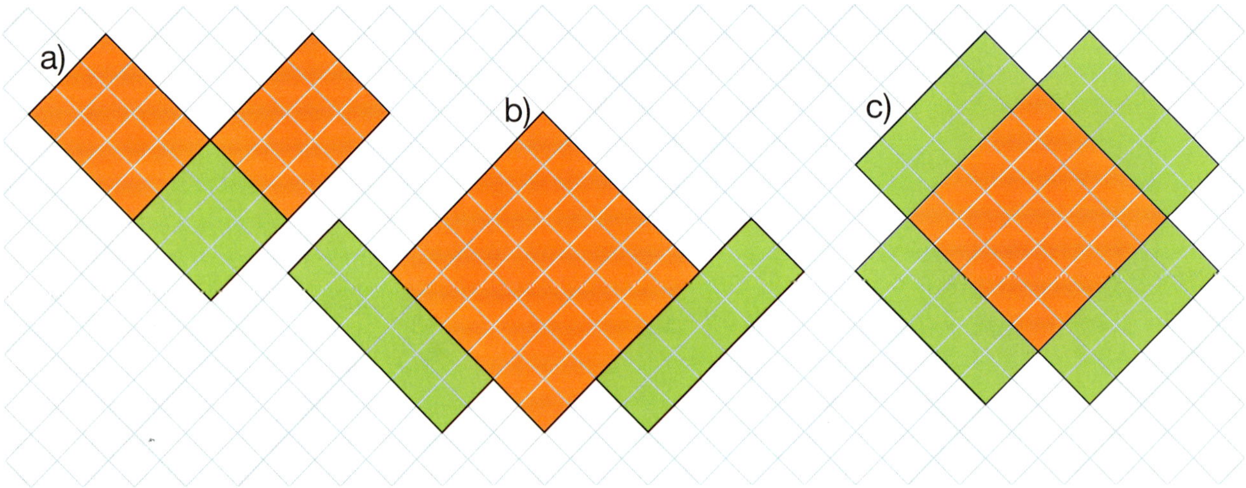

4 Erfinde eigene Muster. Berechne immer die Anzahl der Kästchen.

5

1 bis **3** Kästchenanzahl einer Reihe mal Zahl der Reihen.
3 Für jeden Figurenteil eine Malaufgabe. Anschließend Gesamtzahl berechnen.

Wiederholung

1 Miss die Strecken. Schreibe Mal-Aufgaben dazu.

a) b) c) d) e) f)

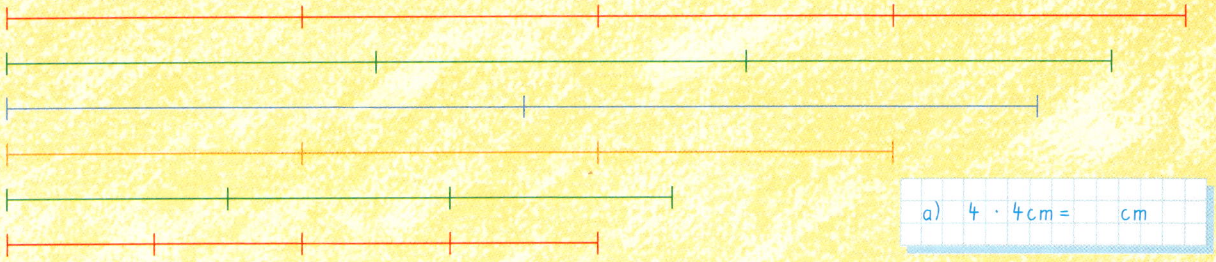

2 Zeichne Strecken und halbiere sie.

a) 6 cm
b) 8 cm
c) 12 cm
d) 10 cm

e) 14 cm
f) 4 cm
g) 16 cm
h) 18 cm

i) 20 cm
j) 28 cm
k) 24 cm
l) 30 cm

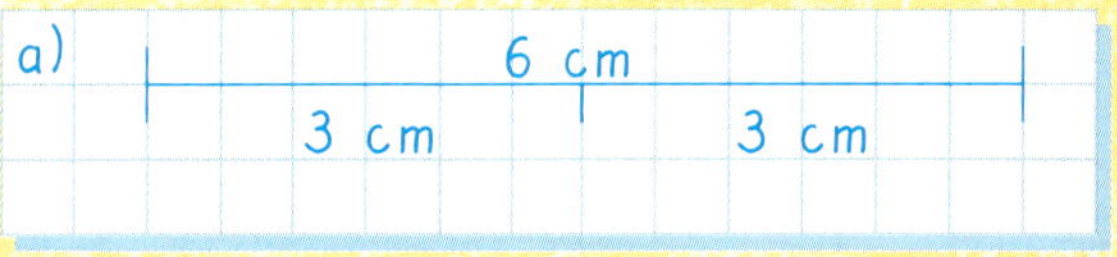

3 a) 37 + 5, 37 − 5 b) 48 + 5, 48 − 5 c) 28 + 15, 28 − 15 d) 49 + 15, 49 − 15 e) 46 + 25, 26 − 25 f) 58 + 25, 58 − 25

4 Ergänze zu Zauberquadraten.

a)

	2	7
8	4	0
	6	

b)

2	5	
3	3	
	1	

c)

	6	7
10	5	
3		

d)

		4
	7	11
		6

e)

		7
	8	6
9		

5

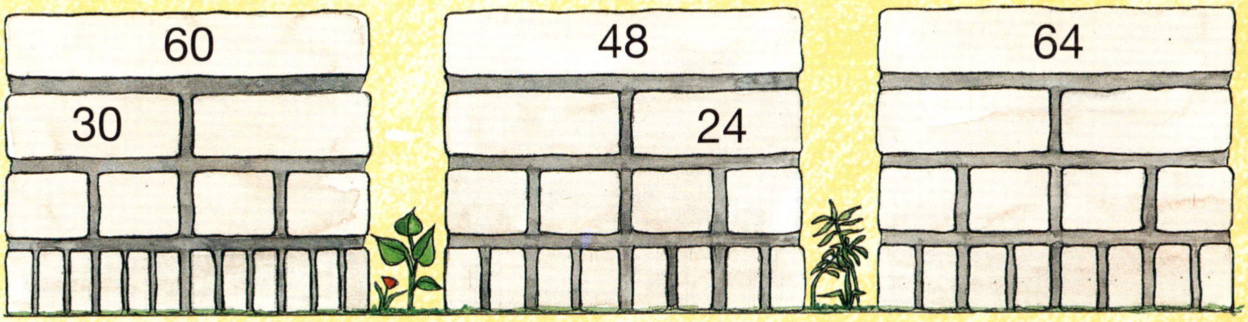

6 Wie geht es weiter?

7

23	32	44	46	53	53	55	57
60	62	66	67	71	74	76	80
81	85	87	89	92	94	94	99

Schulfest
Theater
13.30 Uhr
bis 14 Uhr
Ponyreiten
von 11–14 Uhr
1 Bon
Limo 2 Bons
Wurst 5 Bons
Kotelett 7 Bons
Salat 6 Bons
KASSE
1 Bon 50 ct
40m
30m
20m
10m
1. Wurf
2. Wurf
3. Wurf
4. Wurf
Katja 15m 13m 16m 23m
Ünal 24m 20m 29m
Dirk 21m 24m 22m
Sonja
10
20
50
20
10
Frutti
Frutti
Frutti
I
ICE CREAM